ISW 5

Berichte aus dem Institut für Steuerungstechnik
der Werkzeugmaschinen und Fertigungseinrichtungen
der Universität Stuttgart

Herausgegeben von Prof. Dr.-Ing. G. Stute

G. Augsten

Zweiachsige Nachformeinrichtungen

Untersuchung der Lageregelung
bei einem stetigen System

Springer-Verlag
Berlin · Heidelberg · New York 1972

Mit 71 Abbildungen

ISBN 978-3-540-05912-7   ISBN 978-3-642-88756-7 (eBook)
DOI 10.1007/978-3-642-88756-7

Vorwort des Herausgebers

Das Institut für Steuerungstechnik der Werkzeugmaschinen und Fertigungseinrichtungen der Universität Stuttgart befaßt sich mit den neuen Entwicklungen der Werkzeugmaschine und anderen Fertigungseinrichtungen, die insbesondere durch den erhöhten Anteil der Steuerungstechnik an den Gesamtanlagen gekennzeichnet sind. Dabei stehen die numerisch gesteuerte Werkzeugmaschine in Programmierung, Steuerung, Konstruktion und Arbeitseinsatz sowie die vermehrte Verwendung des Digitalrechners in Konstruktion und Fertigung im Vordergrund des Interesses.

Im Rahmen dieser Buchreihe sollen in zwangloser Folge drei bis fünf Berichte pro Jahr erscheinen, in welchen über einzelne Forschungsarbeiten berichtet wird. Vorzugsweise kommen hierbei Forschungsergebnisse, Dissertationen, Vorlesungsmanuskripte und Seminarausarbeitungen zur Veröffentlichung.

Diese Berichte sollen dem in der Praxis stehenden Ingenieur zur Weiterbildung dienen und helfen, Aufgaben auf diesem Gebiet der Steuerungstechnik zu lösen. Der Studierende kann mit diesen Berichten sein Wissen vertiefen.

Unter dem Gesichtspunkt einer schnellen und kostengünstigen Drucklegung wird auf besondere Ausstattung verzichtet und die Buchreihe im Fotodruck hergestellt.

Der Herausgeber dankt dem Springer-Verlag für Hinweise zur äußeren Gestaltung und Übernahme des Buchvertriebs.

Stuttgart, im Februar 1972

Gottfried Stute

Diese Arbeit entstand als Dissertation mit dem Thema
"Untersuchung einer stetigen zweiachsigen Nachform-
  einrichtung".
Hauptberichter war Prof. Dr.-Ing. G. Stute,
Mitberichter Prof. Dr.-Ing. Dr.techn. E.h. A. Leonhard.
Die Arbeit war am 12.1.1972 eingereicht worden.

Vorwort

Die vorliegende Arbeit entstand während meiner Tätigkeit als
Wissenschaftlicher Assistent am Institut für Steuerungstechnik
der Werkzeugmaschinen und Fertigungseinrichtungen (ISW) der
Universität Stuttgart.

Dank schulde ich Herrn Prof. Dr.-Ing. G. Stute, dem Leiter des
Institutes, der das Fortschreiten der Arbeit durch sein stetes
Interesse und seine wohlwollende Unterstützung förderte.

Auch bin ich Herrn Prof. Dr.-Ing. Dr.-techn. E.h. A. Leonhard
für die eingehende Durchsicht der Arbeit und die sich daraus
ergebenden Anregungen zu Dank verpflichtet.

Fernerhin danke ich allen Mitarbeitern des Institutes, in erster
Linie den Herren Dipl.-Ing. R. Hofmann, Dr.-Ing. D. Schmid und
Dr.-Ing. A. Storr, für eine Reihe wertvoller Hinweise. Schließlich gilt mein Dank allen Studenten, die in der einen oder anderen Form zum Gelingen der Arbeit beigetragen haben.

Gerhard Augsten

Inhaltsverzeichnis

<u>Schrifttum</u>

<u>Allgemeine Gesichtspunkte zum Nachformen</u>

[01] Stute,G.:   Über die Steuerung von Werkzeugmaschinen.
                       Maschinenmarkt 73 (1967), Nr.44, S.942..948.

[02] Marx,H.G.   Automatisierung - die heutige Form der
     und G.Stute: Rationalisierung im Industriebetrieb.
                       VDI-Z., Bd.109 (1967), S.1259..1266.

[03] Stute,G.:   Stand und Entwicklung der Werkzeugmaschinen-
                       steuerung. Steuerungstechnik 1.Jg. (1968),
                       Nr.1, S.1..6.

[04] Schuler,H.:   Die Wirtschaftlichkeit numerisch gesteuerter
                       Drehmaschinen. VDF-Mitteilungen H.30 (1966),
                       S.54..60.

[05] Renker,H.-J.:   Wirtschaftlichkeit von nachformenden und
                       numerisch gesteuerten Drehmaschinen.
                       Werkstattstechnik, 57.Jg. (1967), H.8, S.361..363.

[06] Opitz,H.:   Stetige und unstetige Nachformsysteme - Stand
                       der Technik und Entwicklungstendenzen.
                       CIRP-Ann.XI, H.4, S.210..218.

[07] Hilbert,H.L.:   Das Kopierfräsen im Großwerkzeugbau. Werk-
                       statt u. Betrieb 99 (1966) H.6, S.391..397.

[08] Henning,H. u.   Bedeutung des NC-Fräsens bei der Fertigung
     H.Schwegler: komplexer Formen. Steuerungstechnik 4 (1971),
                       Nr.6, S.171..174 und Nr.7, S.208..215.

<u>Nachformeinrichtungen</u>

[09] Schmid,W. u.   Fühlergesteuerte Maschinen. Girardet-Verlag
     F.Olk: Essen, 1939.

[10] Schmid,W.:   Automatologie. Carl Hanser Verlag München, 1952.

[11] Goldsche,J.:   Zerspanende Formgebung mit elektrischen Ge-
                       räten. Carl Hanser Verlag München 1967.

[12] Vogt,H.-J.:   Die Nachformgenauigkeit von Nachformfräsmaschinen mit Fühlersteuerungen. Diss.
TH Hannover, 1958.

[13] Herold,H.-H.:   Unstetige elektromechanische Nachformsysteme
für Werkzeugmaschinen und ihre Bauelemente.
Diss. TH Aachen, 1961.

[14] Backé,W.:   Untersuchungen an stetigen und unstetigen
Nachformsystemen für Drehmaschinen. Diss.
TH Aachen, 1959.

[15] Schmitt,A.:   Das Folgeverhalten elektrohydraulischer
Kopiersysteme bei hohen Kopiergeschwindig-
keiten. Diss. TH Aachen, 1966.

[16] Ulrich,H.J.:   Das Regelverhalten von hydraulischen Kopier-
systemen mit Vierkantensteuerung.
Diss. ETH Zürich, 1969.

[17] Buchmeier: Die Entwicklung der Nachformmaschinen und
ihre Steuermittel. Industrie-Anzeiger (1954),
Nr.11, S.133..142.

[18] Blaum,O.H.:   Das Nachformproblem in der Werkzeugmaschinen-
technik. ETZ-B, Bd.7 (1955), H.9, S.305..312.

[19] Blaum,O.H.:   Elektrohydraulische und elektromagnetische
Nachformeinrichtungen. ETZ-A, Bd.78 (1957),
H.18, S.655..661.

[20] Goldsche,J.:   Das Problem der gesteuerten dreidimensionalen
Bewegung. Ind.-Anz. (1957), Nr.2, S.21..26.

[21] Hertter,O.:   Elektrische Nachformeinrichtungen für Werkzeugmaschinen. VDI-Z. 100 (1958) Nr.33,
S.1582..1588.

[22] Goldsche,J.:   Die Praxis des Nachformfräsens. Das Industrieblatt, Jan.1959, S.10..17.

[23] Goldsche,J.:   Fühlergesteuerte Nachformfräsmaschinen. Das
Industrieblatt, April 1960, S.236..245.

[24] Courtin,W. u.   Elektromechanische und elektrohydraulische
     L.Menzel: Nachformverfahren für Vollumriß. ETZ-B,
                      Bd.12 (1960), H.18, S.431..436.

[25] Bock,L.:   Von der handgesteuerten zur numerisch pro-
                     grammierten bahngesteuerten Formen-Fräsmaschine.
                     Werkstatt u. Betrieb,100. Jg.1967, H.2, S.119..123.

[26] Romes,R.:   Elektrohydraulische Kopiersysteme. Ölhydraulik
                     u. Pneumatik,12 (1968), Nr.7, S.302..306.

[27] Bock,L.:   Stetigkopieren bei Drehmaschinen. Siemens-
                     Zeitschrift,43 (1969), H.6, S.505..508.

[28] Stute,G. u.   Ein stetiges zweiachsiges Nachformsystem zur
     G.Augsten: Bearbeitung mit konstanter Tangentialgeschwindig-
                      keit. (Vorgetragen am 10.9.1968 in Nottingham/GB).
                      Annals of the CIRP, Vol.XVII, S.73..79.

[29] Saljé,F.:   Ein- und zweiachsiges Nachformen mit Dreh-
                     maschinen. Werkstatt und Betrieb,102 (1969),
                     H.9, S.611..617.

[30] Viersma,T.J.   Das Stabilisieren hydraulischer und pneumatischer
     u. P.Blok: Servomechanismen unter Berücksichtigung des Ge-
                      schwindigkeits- und Belastungsfehlers und der
                      Umkehrspanne. Ölhydraulik und Pneumatik,13
                      (1969), Nr.1, S.9..14.

[31] Goldsche,J.:   Betriebsverhalten und Genauigkeit von numerisch
                     gesteuerten Arbeitsmaschinen. TZ f. prakt.
                     Metallbearb. (Numerik),64.Jg.(1970),H.2, S.83..89.

[32] Augsten,G.:   Entwicklung eines zweiachsigen Nachformsystems.
                     VDI-Berichte Nr.166 (1971), S.121..124.

[33] Augsten,G.:   Zweiachsige Nachformsysteme. wt - Z.ind.Fertig.,61
                     (1971), S.75..79.

[34]   - -   Firmenschriften (AEG, Gettys, Heid, Hessapp,
                     Heyligenstaedt, Indramat, Mimik, Nassovia,
                     Siemens).

- 10 -

[35]　　- -　　　　　　　Unveröffentlichte Studienarbeiten der Herren
Elbl, Göhring, Jakob, Karlberger und Wiedenmann,
angefertigt am Institut für Steuerungstechnik
der Werkzeugmaschinen und Fertigungseinrichtungen, Universität Stuttgart.

Regelungstechnik, Lageregelungen

[36] Solodownikow,　Grundlagen der selbsttätigen Regelung. Bd.I,
W.W.:　　　　　R.Oldenbourg Verlag München/Wien, 1959.

[37] Leonhard,A.:　Die selbsttätige Regelung. 3.Aufl., Springer-
Verlag Berlin/Göttingen/Heidelberg, 1962.

[38] Oppelt,W.:　　Kleines Handbuch technischer Regelvorgänge.
4.Aufl., Verlag Chemie Weinheim/Bergstr., 1964.

[39] Eveleigh,V.W.:　Adaptive Control and Optimization Techniques.
McGraw Hill Book Company New York, 1967.

[40] Drenick,R.F.:　Die Optimierung linearer Regelsysteme.
R.Oldenbourg Verlag München/Wien, 1967.

[41] Naslin,P.:　　Dynamik linearer und nichtlinearer Systeme.
R.Oldenbourg Verlag München/Wien, 1968.

[42] Augsten,G.,　Lageregelung an Werkzeugmaschinen. Selbstverlag
K.Boelke,
D.Schmid u.　des Institutes für Steuerungstechnik der Werk-
G.Stute:　　zeugmaschinen und Fertigungseinrichtungen,
Stuttgart 1970.

[43] Graham,D. u.　The Synthesis of "Optimum" Transient Response:
R.C.Lathrop:　Criteria and Standard Forms. Trans.AIEE 72 (1953),
Part II (Applications and Industry), S.273..288.

[44] Augsten,G. u.　Einfluß von Spiel und Reibung auf die Kontur-
D.Schmid:　　fehler bahngesteuerter Werkzeugmaschinen.
Steuerungstechnik 2.Jg. (1969), H.3, S.103..108.

[45] Jorden,W.:　　Untersuchungen an einem Lageregelkreis für
Werkzeugmaschinen unter besonderer Berück-
sichtigung des Spiels. VDI-Fortschrittsberichte
Reihe 2, Nr.20 (1969).

[46]   - -   Unveröffentliche Studienarbeiten der Herren
                 Bikadi, Gebhardt, Heinzelmann, Hichert,
                 Hofmann, Munz und Willhelm, angefertigt am
                 Institut für Steuerungstechnik der Werkzeug-
                 maschinen und Fertigungseinrichtungen,
                 Universität Stuttgart.

Mechanische Elemente, hydraulische Antriebe

[47] Saljé,E.:   Elemente der spanenden Werkzeugmaschinen.
                   Carl Hanser Verlag, München, 1967.

[48] Guillon,M.:   Hydraulische Regelkreise und Servosteue-
                   rungen. Carl Hanser Verlag, München, 1968.

[49] Friedrich,G.: Eigenschaften elektrohydraulischer Vor-
                   schubantriebe im Bereich kleiner Drehzahlen.
                   Diss. TH Aachen, 1965.

[50] Lück,J.:   Einflußgrößen auf das Zeitverhalten elektro-
                   hydraulischer Vorschubantriebe. Diss. TH
                   Aachen, 1968.

[51] Kopperschläger, Über die Auslegung mechanischer Übertragungs-
     F.D.:   elemente an numerisch gesteuerten Werkzeug-
                      maschinen. Diss. TH Aachen, 1969.

[52] Augsten,G. u.   Gesichtspunkte zur Auslegung ölhydraulischer
     S.Bumiller   Vorschubantriebe. Steuerungstechnik 1 (1968),
                     Nr.3, S.102..107.

[53] Augsten,G.:   Hydraulische Antriebe an numerisch gesteuer-
                     ten Werkzeugmaschinen. Ölhydraulik und
                     Pneumatik 12 (1968), Nr.12, S.593..599.

[54]   - -   Unveröffentlichte Diplom- und Studienarbeiten
                     der Herren Schenke und Schöller, angefertigt
                     am Institut für Steuerungstechnik der Werk-
                     zeugmaschinen und Fertigungseinrichtungen,
                     Universität Stuttgart.

Formelzeichen, Abkürzungen und Indizes

Die verwendeten Bezeichnungen und Formelzeichen orientieren sich
an den folgenden Vorschriften und Empfehlungen:

DIN 1302 Mathematische Zeichen

DIN 1303 Schreibweise von Tensoren (Vektoren)

DIN 1304 Allgemeine Formelzeichen

DIN 1311 Schwingungslehre, Benennungen

DIN 1344 Formelzeichen der elektrischen Nachrichtentechnik

DIN 5487 Fourier-Transformation und Laplace-Transformation,
Formelzeichen

DIN 5488 Zeitabhängige Größen, Benennungen der Zeitabhängigkeit

DIN 19226 Regelungstechnik und Steuerungstechnik,
Begriffe und Benennungen

VDI 3255 Festlegung der Koordinatenachsen und Zuordnung der
Bewegungsrichtungen

Vektoren werden gemäß DIN 1303 mit einem Pfeil gekennzeichnet,
während Zeigergrößen, zu denen auch der Frequenzgang $\mathfrak{F}$ zu zählen
ist, in Fraktur geschrieben werden. Die zugehörigen Beträge werden
entweder durch Betragsstriche oder durch die normale Schreibweise
in lateinischen Buchstaben kenntlich gemacht.

Die (translatorischen) Maschinenachsen sind gemäß VDI 3255 mit
X, Y und Z benannt, bzw., davon abgeleitet, die zugehörigen
laufenden Koordinaten mit x, y und z. Um Verwechslungen zu vermeiden, wurde deshalb von den in DIN 19226 vorgeschlagenen Bezeichnungen x, y und z für die Regel-, Stell- und Störgröße kein
Gebrauch gemacht.

Formelzeichen und Abkürzungen:

C – Konstante, Durchfluß–; Kapazität	a – Ausgangsgröße; Beschleunigung
	b – Zeitfaktor
D – Dämpfungsgrad	c – Steifigkeit, Federkonstante
Det – Determinante	d – Dämpfungskoeffizient; bezogene Zeitkonstante
F – Kraft; Amplitudengang	
$\mathfrak{F}$ – Frequenzgang	e – Eingangsgröße
$\mathfrak{F}'$ – Annäherung eines gemessenen Frequenzgangs	f – Frequenz; Funktion
	g – bezogene Geschw.verstärkung
H – Schrittweite	h – Gewindesteigung

I - Strom; Integral
J - Massenträgheitsmoment
K - Kupplung; Komparator
L - Verfahrlänge
M - Moment; Motor
Min - Minimum
N - Nennerausdruck
P - Leistung; Proportional-
PD - Prop.-Differential-
PI - Prop.-Integral-
PID - Prop.-Integral-Diff.-
R - Radius; Widerstand
S - Summenpunkt; Kennwert
    für Stabilität
T - Zeitkonstante, -dauer;
    Taster
U - Spannung; Laplace-Trans-
    formierte der Regelabw.
$\hat{U}$ - Amplitude einer sich
    sinusförm. änd. Spannung
$\underline{U}$ - Zeiger einer Wechsel-
    spannung
V - Volumen
W - Werkzeug
X,Y,Z - Maschinenachsen
Δ - Differenz
Φ - Phasengang, -winkel
Σ - Summe
Ω - Winkelgeschwindigkeit

i - bezogenes Integral
j - imaginäre Einheit $\sqrt{-1}$
k - Verstärkung, Amplitudenverhältnis,
    Koeffizient
l - Länge
n - Drehzahl; ganze Zahl
p - Druck; Abkürzung für die komplexe
    Variable $j\omega$
q - Volumenstrom; bezogene komplexe
    Variable
r - Reibungskoeffizient, -verhältnis
s - Tasterauslenkung; Bildvariable der
    Laplace-Transformation
$\hat{s}$ - Amplitude einer sich sinusförmig
    ändernden Tasterauslenkung
t - Zeit
u - Regelabweichung
v - Vorschubgeschwindigkeit
w - bezogene Kreisfrequenz
x,y,z - Koordinaten auf den Maschinen-
    achsen X, Y und Z
x^*,y^* - Koordinaten einer Meßeinrichtung
α - Verfahr-, Nachformwinkel
β - Winkel der Kraftanlenkung an den
    Taster; Kompressionszahl
γ - Versatzwinkel des Meßkoordinaten-
    systems zum Masch.koord.system
ε - Aussteuerungsgrad
ϑ - Winkel der Tasterauslenkung im
    Maschinenkoordinatensystem
$\varkappa$ - Verstärkungsverhältnis
ξ - Kenngröße bei einer Trapezform
σ - Störgröße; Realteil
φ - Drehwinkel
ω - Kreisfrequenz

Indizes:

A	- Antrieb-		a	- ausgangsseitig; Anlauf-; Beschleunigung-
B	- Bahn-		$\ddot{a}$	- äußere(r)
D	- Differenzier-		c	- Feder-
F	- Fühler-, fühlergesteuert		d	- dämpfend, gedämpft
FG	- Funktionsgeber-		e	- eingangsseitig
I	- Integrier-		gr	- Grenz-
L	- Leit-		h	- hydraulisch
M	- Motor-		i	- innere(r)
N	- Nenn-		ist	- Ist-
R	- Regler-		k	- rückkoppelnd
Rd	- Rand-		$krit$	- kritisch
Rv	- Geschwindigkeitsregler-		$korr$	- korrigierend
S	- Regelstrecke-		l	- längs
T	- Tast-, Taster-		m	- mechanisch
TG	- Tachogenerator-		max	- maximal
V	- Vorzug-		min	- minimal
Z	- Zustellung-		mm	- maximal möglich
Ze	- Zener-		opt	- optimal
0	- Grundwert; konstanter Wert; offener Regelkreis		$\ddot{o}$	- Öl-
1	- an 1.Stelle; einachsig; kleine Abweichung		p	- Druck-; parallel
2	- an 2.Stelle; zweiachsig		q	- quer
3	- an 3.Stelle		r	- Reibungs-
4	- an 4.Stelle		$soll$	- Soll-
-180°	- bei $\Phi = -180^\circ$ auftretend		u	- unempfindlich
			v	- Geschwindigkeit-
			w	- Führung-
			x,y,z	- der x-,y-,z-Koordinate zugehörig
			x^*,y^*	- der x^*-,y^*- Koordinate zugehörig
			α	- Winkel-
			σ	- Stör-

<u>Zusammengesetzte Zeichen</u>:

Die Bedeutung der zusammengesetzten Zeichen läßt sich den beiden obigen Aufstellungen entnehmen. Einige häufig gebrauchte Zeichen sind:

C_M - Schluckvolumen eines hydraulischen Motors

F_{Rd}- Amplitudenrand

$\mathfrak{J}_0$ - Frequenzgang des offenen Regelkreises

$\mathfrak{J}_w$ - Führungsfrequenzgang

T_a - Anlaufzeitkonstante

T_h - hydraulische Zeitkonstante

T_m - mechanische Zeitkonstante

T_R - Zeitkonstante des (Lage-)Reglers

T_{Rv}- Zeitkonstante des Geschw.reglers

V_0 - gesamtes totes Ölvolumen eines hydr. Motors

Φ_{Rd}- Phasenrand

f_0 - Kennfrequenz, Eckfrequenz

f_d - Eigenfrequenz

k_a - Beschleunigungsverstärkung

k_u - Verstärkung eines Gliedes mit Unempfindlichkeit

k_v - Geschwindigkeitsverstärkung

k_0 - Kreisverstärkung

p_0 - Systemdruck

p_M - (Differenz-)Druck am Motor

s_0 - konstante Tasterauslenkung

v_B - Bahngeschwindigkeit

v_{BO}- konstante Bahngeschwindigkeit

x_u - (halber) Unempfindlichkeitsbereich

α_V - Vorzugsrichtung

$\beta_\ddot{o}$ - Kompressionszahl für Öl

ω_0 - Kennkreisfrequenz

ω_d - Eigenkreisfrequenz

1. Einleitung

Die industrielle Fertigung stand von jeher unter dem Zwang,
gegenwärtige Methoden in Frage zu stellen und nach besseren,
d.h. insbesondere wirtschaftlicheren Lösungen zu suchen.
Konnte diesem Zwang zunächst dadurch Rechnung getragen werden, daß die Leistung der Maschinen erhöht wurde, so ergab
sich doch bald die Notwendigkeit, durch Einführung der Steuerungstechnik den Fertigungsvorgang teilweise oder vollständig
selbsttätig ablaufen zu lassen. Im Zusammenhang mit der dadurch erzielten Rationalisierung bezeichnet man diese Maßnahme als Automatisierung [02] .

Den Fertigungsablauf an einer Werkzeugmaschine vollständig
zu automatisieren, würde bedeuten, daß sowohl der Material-
fluß als auch die Bearbeitung als auch der Informationsfluß
selbsttätig vonstatten gingen. Solche Ansätze zur "großen"
Automatisierung werden z.B. mit den gegenwärtig in Rede stehenden Fertigungssystemen unternommen.

Zunächst konzentrierten sich die Bestrebungen zu automatisieren jedoch auf den Bereich der Bearbeitung, um hier die
Zeiten zu verkürzen und um von der individuellen Leistungs-
fähigkeit und Geschicklichkeit des Bedienungsmanns unabhängig zu werden. Die Meilensteine dieser Entwicklung waren

>   der (starr programmierte) Drehautomat,
>   die nockengesteuerte Werkzeugmaschine,
>   die nachformende Werkzeugmaschine (<u>Bild 2-01</u>) und
>   die numerisch gesteuerte Werkzeugmaschine.

Keine dieser Entwicklungen konnte jedoch die vorhergehenden
völlig verdrängen, da jede ihren eigenen Wirtschaftlichkeits-
und damit Einsatzbereich hat, die nachformende Werkzeugmaschine z.B. im Gebiet der Klein- und Mittelserienfertigung
von Teilen mit nicht trivialer Form. Allerdings wird dieser
Bereich eingeengt durch die numerisch gesteuerte Werkzeugmaschine.

So ist die gegenwärtige Situation des Nachformens in der

Fertigung durch die sich im Fluß befindliche Abgrenzung zum numerischen Bearbeiten gekennzeichnet. Dabei ist diese beim Drehen, basierend auf Wirtschaftlichkeitsbetrachtungen [04,05] , noch am deutlichsten sichtbar. Beim Fräsen, insbesondere beim Fräsen von beliebig gekrümmten Werkstückoberflächen wurde dagegen der Versuch einer solchen Bereichsabgrenzung noch nicht unternommen, vermutlich wegen der bislang noch nicht übersehbaren Frage der Programmerstellung. Jedoch ist zu erwarten, daß sich auch hier die numerische Fertigung wegen ihrer allgemeinen Vorteile einführen wird [08] .

Diese Vorteile müssen allerdings durch hohe Investitions- und Programmerstellungskosten erkauft werden. Es mag deshalb nicht verwundern, wenn viele Praktiker gegenwärtig die nachformende Werkzeugmaschine, zumindestens im Bereich des Fräsens, für insgesamt als wirtschaftlicher ansehen als die numerisch gesteuerte. Die Einführung elektronischer Steuerungen und schneller stetiger Vorschubantriebe, auch die Anwendung regelungstechnischer Gesichtspunkte bei der konstruktiven Gestaltung der Nachformwerkzeugmaschine und die damit verbundene Angleichung von Arbeitsleistung und Genauigkeit an diejenige der numerisch gesteuerten Maschinen haben diese Meinung bekräftigt.

Die vorliegende Arbeit befaßt sich mit zweiachsigen Nachformeinrichtungen, welche als die am weitesten entwickelten angesehen werden können. Typische Eigenschaften der neueren Einrichtungen sind die Konstanz der Bahngeschwindigkeit des Werkzeugs, die Konstanz der Tasterauslenkung des Nachformfühlers sowie der unbegrenzte Nachformwinkelbereich.

Da diese Systeme bisher wenig betrachtet wurden und auch um den Stand der Technik auf dem Gebiet des Nachformens aufzuzeigen, ist es zunächst angebracht, die Wirkungsweise zweiachsiger Nachformeinrichtungen im allgemeinen und einiger gebräuchlicher Ausführungen im besonderen zu beschreiben. Bei der Fülle der Ausführungsformen wird das Ziel dieses ersten Teils der Arbeit vor allem darin gesehen, die wesentlichen Unterscheidungsmerkmale herauszuarbeiten. Dazu wird z.B. die

Art der Stellgrößenermittlung, d.h. der Ableitung der Vorschubgeschwindigkeiten aus dem Fühlersignal bei den verschiedenen Systemen untersucht.

Der zweite Teil der Arbeit besteht aus der Untersuchung der
Lageregelung eines stetigen zweiachsigen Nachformsystems, das
aus dem sog. "Kupplungskopieren" heraus entwickelt worden war.
Die Zielsetzung ist hier, eine Aussage über eine günstige Wahl
der einstellbaren Parameter der Lageregelung zu finden. Dazu
werden in der Regelungstechnik übliche Optimierkriterien, die
jedoch bisher in diesem Bereich kaum angewandt worden sind,
herangezogen. Dieser Untersuchung geht die notwendige Analyse
der Lageregelung nach Struktur und Parametern voraus. Es zeigt
sich weiter, daß das Problem der Nichtlinearitäten im Lageregelkreis gerade in diesem Fall nicht vernachlässigt werden
kann, so daß sich eine diesbezügliche Betrachtung anschließt.

Um die gefundenen Ergebnisse nachprüfen zu können, werden, als
Abschluß der Arbeit, die beim Nachformen verschiedener Kon-
turelemente auftretenden Abweichungen gemessen und dargestellt.

2. Wirkungsweise zweiachsiger Nachformeinrichtungen

2.1 Allgemeines zum Nachformen

Das Nachformen brachte erstmals die Möglichkeit, Werkstücke
mit verwickelten Formen wirtschaftlich herzustellen. Die Entwicklung der Nachformwerkzeugmaschine begann bereits im letzten Jahrhundert mit handbetätigten Einrichtungen (ähnlich den
heutigen Graviermaschinen) und nach der Jahrhundertwende mit
selbsttätigen Einrichtungen [17] . Von hier ausgehend hat sich
das Nachformen rasch weiterentwickelt und bildet heute ein all-
gemein eingeführtes und unentbehrliches Steuerungsverfahren der
spanenden Fertigung (Drehen, Hobeln, Fräsen) und anderer Ferti-
gungstechniken (Trennschweißen, Nibbeln).

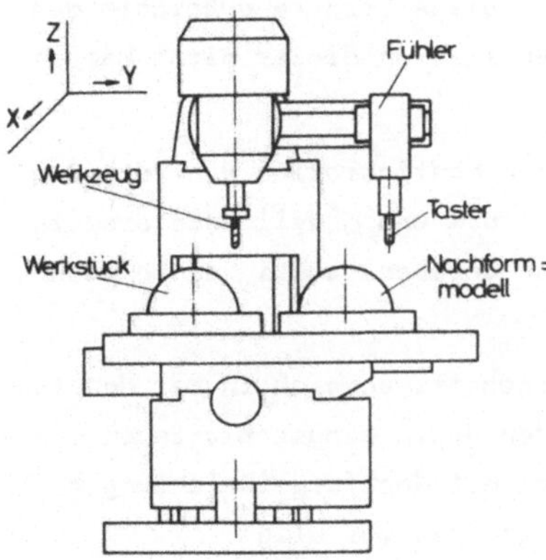

Bild 2-01:
Nachformfräsmaschine

Als Beispiel ist in Bild 2-01 eine Nachformfräsmaschine dargestellt. Werkstück und Nachformmodell sind zusammen auf dem Be-
arbeitungstisch aufgespannt. Nachdem der Taster des Nachformfühlers (der Taster wird als derjenige Teil des Fühlers verstanden, der am Nachformmodell anliegt) das Modell berührt hat,
fährt er dieses selbsttätig nach, wobei das Werkzeug, da mit dem
Fühler verbunden, dieselbe Bewegung (relativ zum Bearbeitungs-

tisch) ausführt. Die entsprechende Steuerung der Vorschubantriebe
wird aus der relativ zum Fühlergehäuse auftretenden Tasterauslenkung im Sinne einer Folgeregelung abgeleitet (Stellgrößenermittlung). Bezeichnet man die jeweilige Position des Tasters als
die Sollposition und die Tasterauslenkung als die Regelabweichung,
so muß demnach die Position des Fühlergehäuses als Istposition
bzw. als Regelgröße angesehen werden. Die obige Aussage muß also
in zweifacher Hinsicht ergänzt werden:

a)   Da das Werkzeug mit dem Fühlergehäuse verbunden ist, geht
     die Tasterauslenkung als Positionsfehler ein (wobei aller-
     dings, wie später gezeigt wird, dieser Fehler nicht in
     allen Fällen zu einer Bahnabweichung führen muß bzw. in
     anderen Fällen die Möglichkeit einer Kompensation besteht).

b)   Da die Verbindung Werkzeug-Fühlergehäuse nicht unendlich
     steif ist, gehen geometrische Veränderungen in dieser Strecke
     als Nachformfehler ein. Da diese Strecke außerhalb der
     Lageregelung liegt, können sie von dieser nicht kompensiert
     werden [20] .

Neben der in Bild 2-01 gezeigten Konfiguration von Werkzeug und
Fühler einerseits und von Werkstück und Modell andererseits sind
noch viele andere Möglichkeiten gegeben, wobei jedoch auch hier
die obigen Aussagen gelten.

Die folgenden Betrachtungen beschäftigen sich in der Hauptsache
mit den Lageregelkreisen und den darin eingeschlossenen Elementen wobei deren Gesamtheit kurz mit Nachformeinrichtung bezeichnet wird. Zu diesen Elementen gehören vor allem:

     Fühler (beinhaltend Fühlergehäuse, Taster, Meßeinrichtung,
          elektrische Auswerteschaltung)
     Regeleinrichtung (beinhaltend Regelverstärker, Funktionsgeber)
     Vorschubantriebe
     Mechanisches Übertragungssystem (Getriebe, Vorschubspindel,
          Schlitten)

Typisch für den Nachformlageregelkreis ist, daß er sich über das
Maschinengestell schließt, von daher gesehen müßte dieses in obiger

Aufzählung enthalten sein. Es wird jedoch hier unterstellt, daß
dessen Steifigkeit groß gegenüber derjenigen der anderen Elemente
ist und ihr Einfluß somit vernachlässigt werden kann.

2.2 Einachsig - zweiachsig

Bei einer einachsigen Nachformeinrichtung erfolgt nur in einer
Maschinenachse eine Lageregelung. Da beim Nachformen der Fühler
die Aufgabe des Lagevergleichers innehat, kann auch gesagt werden, daß hierbei nur eine Achse vom Fühlersignal gesteuert wird.
Die anderen am Bearbeitungsvorgang beteiligten Achsen werden
unbeeinflußt vom Fühler mit einem i.a. konstanten Leitvorschub
oder einer schrittweisen Zustellung bewegt. Kennzeichnend ist demnach, daß der Leitvorschub bzw. die Zustellbewegung nach Betrag
und Richtung festliegen. Die Tastvorschubgeschwindigkeit ist in
ihrer Richtung vorgegeben, dagegen wird ihr Betrag vom Fühler im
Sinne einer Lageregelung so gesteuert, daß die Schablone nachgefahren wird.

> Für sich allein kann die einachsige Einrichtung nur Positionen
> anfahren, zum Nachfahren von Konturen oder Raumformen müssen
> die zweite bzw. dritte Maschinenachse einem konstanten Leit-
> vorschub bzw. einer Zustellbewegung unterworfen werden.

Die einachsige Einrichtung unterliegt wesentlichen Einschränkungen, die am Beispiel der Längsdrehbearbeitung aufgezeigt werden (Bild 2-02 links). Die Leitvorschubgeschwindigkeit erfolgt
in der Z-Achse:

$$\vec{v_L} = \vec{v_z} \qquad ; \quad v_L = \text{const} \tag{1}$$

Wenn der Nachformschlitten senkrecht zur Z-Achse gestellt ist,
so gilt für die Tastvorschubgeschwindigkeit:

$$\vec{v_T} = \vec{v_x} \qquad ; \quad v_T = v_L \tan\alpha \tag{2}$$

Dabei ist mit α der Nachformwinkel bezeichnet. Die resultierende
Bahngeschwindigkeit ist

$$\vec{v}_B = \vec{v}_x + \vec{v}_z \quad ; \quad v_B = \sqrt{v_x^2 + v_z^2} = \frac{v_L}{\cos\alpha} \tag{3}$$

Läßt man eine richtungsbedingte Variation der Bahngeschwindigkeit
im Verhältnis 1:2 zu, so ergibt sich daraus eine Beschränkung
des Nachformwinkelbereichs auf 120°. Solche Einrichtungen sind
dann ausreichend, wenn schon vom Bearbeitungsverfahren her eine
entsprechende Winkelbeschränkung vorliegt, dies gilt vielfach
für die Drehbearbeitung. Zudem kann hier durch Schrägstellen
des Nachformschlittens eine Anpassung des Nachformwinkelbereichs
an den zur Bearbeitung erforderlichen Bereich erzielt werden.

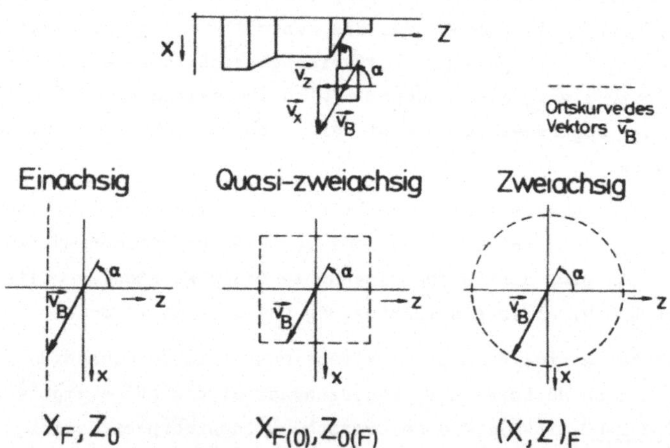

Bild 2-02: Einachsiges und zweiachsiges
Nachformen bei der Drehbearbeitung

Zur Vermeidung dieses Nachteils liegt es nahe, den Leitvorschub
beim Erreichen bestimmter Nachformwinkel zu reduzieren oder eine
Umschaltung von Leit- auf Tastvorschub und umgekehrt vorzunehmen
(Bild 2-02, Mitte). Da nun der Fühler bereits auf beide Achsen
Einfluß nimmt, kann man diese Systeme als quasi-zweiachsig bezeich-
nen. Einrichtungen solcher Art haben allerdings wegen der mit den
Umschaltungen verknüpften Schwierigkeiten keine Bedeutung erlangt.
Außerdem verbleiben immer noch starke richtungsabhängige Schwan-

kungen der Bahngeschwindigkeit, die z.B. bei dem in Bild 2-02, Mitte, gezeigten System, das den Tast- und Leitvorschub bei Erreichen der 45°-Richtungen umschaltet, im Verhältnis $1:\sqrt{2}$ auftreten.

Konstante Bahngeschwindigkeit kann nur mit einem zweiachsigen System erzielt werden, bei dem die Leitvorschubgeschwindigkeit in Abhängigkeit vom Nachformwinkel laufend so verändert wird, daß

$$v_L = v_{BO} \cos \alpha \qquad ; \qquad \vec{v_L} = \vec{v_z} \qquad (4)$$

Dabei ist mit v_{BO} eine konstante Bahngeschwindigkeit des Werkzeugs relativ zum Werkstück gekennzeichnet. Mit Gl. (2) ist dann die Tastvorschubgeschwindigkeit:

$$v_T = v_L \tan \alpha = v_{BO} \sin \alpha \qquad ; \qquad \vec{v_T} = \vec{v_x} \qquad (5)$$

Der Zusammenhang zwischen den Vorschubgeschwindigkeiten lautet somit:

$$\sqrt{v_x^2 + v_z^2} = v_{BO} = const \qquad (6)$$

Damit entfällt die durch die Richtungsabhängigkeit der Bahngeschwindigkeit bedingte Winkelbeschränkung.

Wie aus den Gleichungen (4) und (5) hervorgeht, sind beim zweiachsigen System Tast- und Leitvorschub gleichwertige Größen, von daher kann die Berechtigung einer Unterscheidung in diesem Falle angezweifelt werden. Dennoch hat sich, bedingt durch die historische Entwicklung des zweiachsigen Nachformens, die Vorstellung erhalten, daß Tast- und Leitvorschub in ihren Richtungen festliegen und ihre Betragswerte in der oben beschriebenen Art und Weise ändern. Für einen Teil der zweiachsigen Systeme, nämlich für diejenigen, bei welchen die Vorzugsrichtung (Richtung, die bei entlastetem Fühler gefahren wird) festliegt, ist diese Vorstellung auch brauchbar.

Für den anderen Teil der zweiachsigen Systeme, bei welchen die Vorzugsrichtung gleitet, erweist sich dagegen die Vorstellung als geeigneter, daß Tast- und Leitvorschub in ihren Richtungen nicht

festliegen, dafür aber in ihren Beträgen, so daß für den stationären Zustand (keine Richtungsänderung) gilt:

$$\vec{v_L} = \vec{v_B} \qquad ; \qquad v_L = v_B \qquad\qquad (7)$$

$$\vec{v_T} \perp \vec{v_B} \qquad ; \qquad v_T = 0 \qquad\qquad (8)$$

Der Leitvorschub wird hierbei in der jeweiligen Verfahrrichtung
gesehen, der Tastvorschub in der hierzu orthogonalen. Unabhängig
von diesen Definitionen kann gesagt werden, daß als Kennzeichen
der zweiachsigen Einrichtung die Vorschubgeschwindigkeiten zweier
Maschinenachsen vom Fühlersignal so beeinflußt werden, daß sich
die geforderte Bewegung entlang dem Nachformmodell ergibt und zudem die resultierende Bahngeschwindigkeit in ihrem Betrage konstant
oder zumindest angenähert konstant bleibt.

> Die zweiachsige Nachformeinrichtung ist für sich allein in
> der Lage, eine Kontur selbsttätig nachzufahren; zusammen
> mit einer dritten Maschinenachse, die einem konstanten Leit-
> vorschub oder einer Zustellbewegung unterworfen ist, kann
> räumlich nachgeformt werden.

Eine dreiachsige Einrichtung in diesem Sinne ist nicht möglich.
Dies würde, unter Fortführung der bei der einachsigen und zweiachsigen Einrichtung getroffenen Aussagen, bedeuten, daß beliebige
Raumformen ohne Führung von außen selbsttätig nachgeformt werden
könnten. Eine Raumform muß jedoch immer, z.B. durch schrittweise
Zustellung einer Achse, in einzelne Schnitte zerlegt werden, die
dann von der Nachformeinrichtung abgefahren werden können.

Es zeigt sich, daß die Begriffe "einachsig" und "zweiachsig" über
die möglichen bzw. nicht möglichen Bearbeitungsverfahren nichts
aussagen. Wie Bild 2-02 zeigte, kann das Profil eines Drehteils,
um ein Beispiel für die zweidimensionale Bearbeitung zu geben, sowohl mit einer einachsigen als auch mit einer zweiachsigen Einrichtung nachgeformt werden. Die sich bietenden Möglichkeiten können
abgekürzt folgendermaßen bezeichnet werden:

X_F , Z_0 - Einachsig. Fühlergesteuerter Vorschub in X, konstanter Vorschub in Z.

$X_{F(0)}$, $Z_{0(F)}$- Quasi-zweiachsig. Umschaltung der Achsen von fühlergesteuertem auf konstanten Vorschub und umgekehrt.

$(X,Z)_F$ - Zweiachsig. Fühlergesteuerter Vorschub in X und Z.

Mit Hilfe dieser Abkürzungen werden in <u>Bild 2-03</u> Möglichkeiten der Nachformbearbeitung bei verschiedenen Arten des dreidimensionalen Fräsens dargestellt, wobei jedoch quasi-zweiachsige Lösungen wegen ihrer geringen praktischen Bedeutung nicht eigens erwähnt sind.

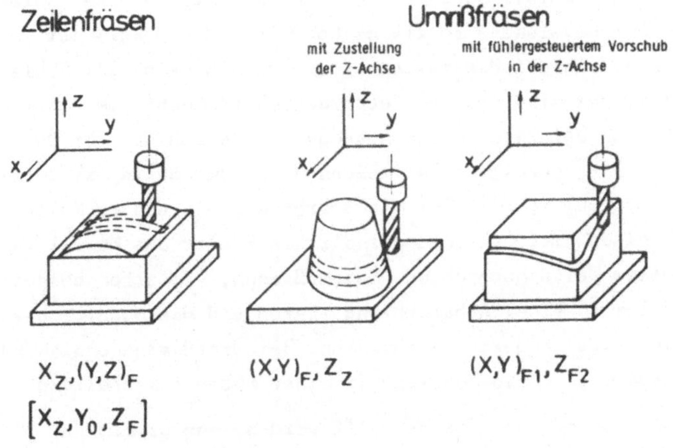

$X_Z, (Y,Z)_F$

$\left[X_Z, Y_0, Z_F\right]$

$(X,Y)_F, Z_Z$

$(X,Y)_{F1}, Z_{F2}$

<u>Bild 2-03</u>: Möglichkeiten des dreidimensionalen Nachformfräsens

Beim Zeilenfräsen liegt, wie beim Drehen, bereits von der Werkzeug-Werkstück-Konfiguration her eine Winkelbeschränkung vor, die unter Berücksichtigung der Möglichkeit, daß senkrechte Flanken zu fräsen sind, 180° beträgt. Es kommen deshalb i.a. nur zweiachsige Nachformeinrichtungen in Betracht. Nur in Sonderfällen, in denen eine weitergehende Winkelbeschränkung in Kauf genommen werden kann, könnte auch einachsig nachgeformt werden, wobei z.B.,

wie Bild 2-03, links, zeigt, in der Z-Achse der fühlergesteuerte
und in der Y-Achse der konstante Vorschub sowie in der X-Achse
eine schrittweise Zustellung, hier mit X_Z gekennzeichnet, erfolgen würde.

Beim Umrißfräsen entscheidet wieder der Winkelbereich, in dem
nachgeformt werden soll, über die anzuwendende Nachformeinrichtung. Es werden deshalb eigentlich immer zweiachsige Einrichtungen eingesetzt. In der dritten Achse erfolgt dann eine schrittweise Zustellung, ein konstanter Vorschub oder aber ein fühlergesteuerter Vorschub. Bei diesem letzten Fall kann jedoch, wie
oben begründet, nicht von einer dreiachsigen Nachformeinrichtung
gesprochen werden, sondern vielmehr von einer zweiachsigen, ergänzt durch ein einachsiges System, das in der Z-Richtung wirkt
(Bild 2-03 rechts). Dabei ist es gleichgültig, ob die Fühler beider Nachformsysteme - so wie es überwiegend der Fall ist - geräte-
mäßig eine Einheit darstellen (sog. dreidimensionaler Fühler) oder
aber getrennt sind und dann auch getrennte Nachformmodelle bzw.
-schablonen abtasten. Diese Aussage hat jedoch nur für den in Bild
2-03, rechts, gezeigten Fall eines Nachformmodells mit definierter
Umrißkante Gültigkeit. Bei Nichtvorhandensein dieser Kante würde
ein in allen drei Achsen empfindlicher Fühler das Modell in nicht
sinnvoller Weise nachfahren. Man muß dann, wie schon ausgesagt,
den Fühler in einer Achsrichtung führen und die Nachformbewegung
auf die beiden anderen beschränken. Bei dreidimensionalen Fühlern
ist deshalb i.a. die Möglichkeit einer "Ebenenumschaltung" gegeben.

Zusammenfassend kann festgestellt werden, daß primär der für eine
Bearbeitung erforderliche Bereich des Nachformwinkels darüber entscheidet, ob eine einachsige Nachformeinrichtung genügt oder aber
eine zweiachsige eingesetzt werden muß.

Ein weiterer wichtiger Gesichtspunkt, der an dem in <u>Bild 2-04</u>
gezeigten Beispiel betrachtet werden soll, ist die Konstanz der
Bahngeschwindigkeit, durch die eine Verkürzung der Hauptzeit er-
möglicht wird. Bei Vorliegen einer technologisch bedingten maximalen Vorschubgeschwindigkeit v_{max} darf beim einachsigen Nachformen die Leitvorschubgeschwindigkeit höchstens so groß eingestellt
werden, daß

$$v_{Bmax} = \frac{v_L}{\cos \alpha_{max}} = v_{max} \qquad (9a)$$

und $\quad v_L = v_{max} \cos \alpha_{max} \qquad (9b)$

ist. Die Hauptzeit ist dann

$$T_1 = \frac{L_z}{v_L} = \frac{L_z}{v_{max} \cos \alpha_{max}} \qquad (10)$$

wobei L_z die Länge des auf die Z-Achse projizierten Verfahrwegs der Werkzeugspitze ist.

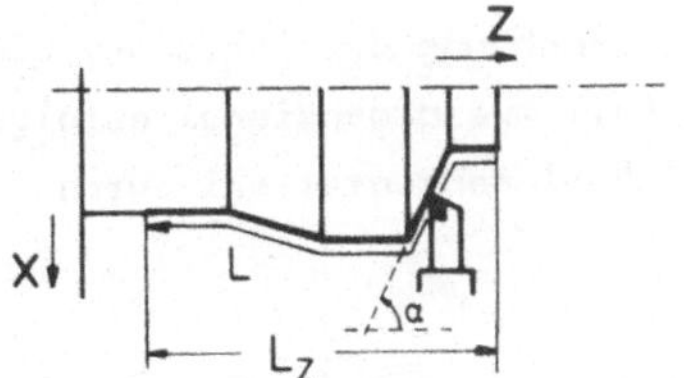

Bild 2-04: Beispiel einer Drehbearbeitung

Beim zweiachsigen Nachformen kann dagegen

$$v_B = v_{BO} = v_{max}$$

eingestellt werden. Die Hauptzeit ist nun

$$T_2 = \frac{L}{v_{BO}} = \frac{L}{v_{max}} = T_1 \frac{L}{L_z} \cos \alpha_{max} \qquad (11)$$

wobei L die Länge des Verfahrwegs der Werkzeugspitze ist; das Verhältnis L/L_z kann damit als "Formfaktor" des Werkstücks bezeichnet werden.

Nimmt man einen maximalen Verfahrwinkel von $\alpha_{max} = 60°$ an, so bewegt sich dieser "Formfaktor" in den Grenzen

$$1 < L/L_z < 2$$

Damit gilt für das Verhältnis der Hauptzeiten bei einachsiger und zweiachsiger Bearbeitung:

$$0,5 < T_2/T_1 < 1$$

Bei dem in Bild 2-04 gezeigten Fall mit $L/L_z = 1,15$ wäre z.B. dieses Verhältnis $T_2/T_1 = 0,58$.

Darüber hinaus können oft Nebenzeiten durch wegfallende Werkzeug-
wechsel und Rückläufe eingespart werden. Insgesamt gesehen, kann
das zweiachsige Nachformen, obwohl der Aufwand größer ist, auch
dann wirtschaftlicher sein, wenn es vom Winkelbereich der Bearbeitung her nicht notwendig wäre [29] .

2.3 Erzeugung der Führungsgrößen

Beim Nachformen sind die Führungsgrößen im Nachformmodell bzw.
in der Schablonenkontur gespeichert (analoge Geometriespeiche-
rung). Wegen der Beschränkung jeder Nachformlageregelung auf
höchstens zwei Achsen kann die Betrachtung der Führungsgrößenerzeugung auch im erstgenannten Fall zweidimensional erfolgen.
Eine in der X/Y-Ebene gelegene Schablonenkontur sei durch

$$f_1 (x,y) = 0 \tag{12}$$

beschrieben (Bild 2-05). Daneben beansprucht der Taster eine Flä-
che, die als kreisförmig angesehen werden kann.

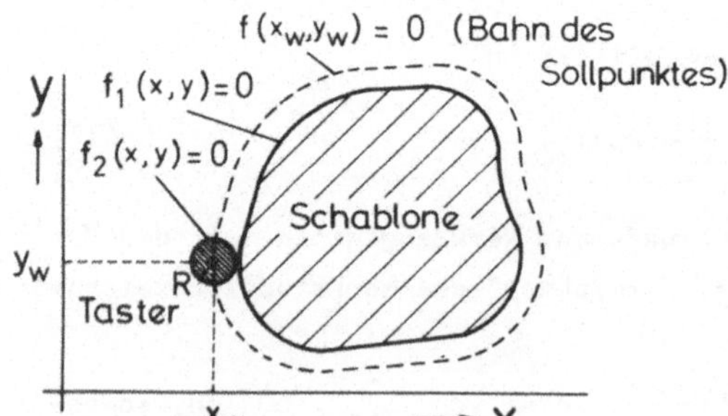

Bild 2-05: Bahn des Soll-
punktes in der X/Y-Ebene

Der Radius R dieser "Tastfläche" entspräche z.B. beim Umrißfräsen
dem halben Fräserdurchmesser, beim Zeilenfräsen dem Abrundungsradius des Fräsers und beim Drehen dem Abrundungsradius des Dreh-
werkzeugs (Bild 2-06). Der Fall R = 0 ist durch diese Aussage eingeschlossen.

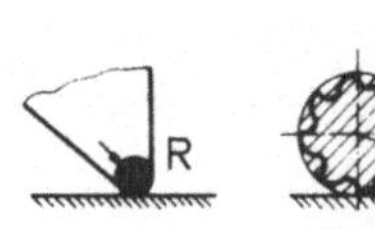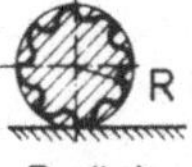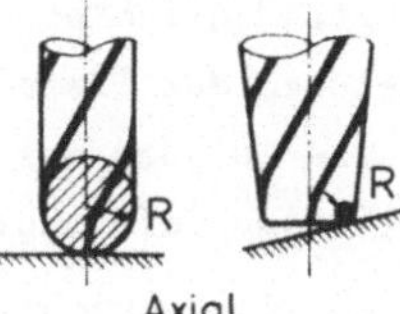

Bild 2-06: "Tastflächen" bei verschiedenen Werkzeugen

Die Umgrenzung der Tastfläche kann damit mit

$$f_2\,(x,y) = (x - x_w)^2 + (y - y_w)^2 - R^2 = 0 \qquad (13)$$

beschrieben werden. Da das Werkzeug dem Taster folgt, werden die Mittelpunktkoordinaten der Tastfläche als Führungsgrößen x_w und y_w bezeichnet. Beim Nachformen berühren sich die Schablonen- und die Tastfläche und verschieben sich relativ zueinander. Daraus ergibt sich eine bestimmte Ortskurve des "Sollpunktes", d.h. der Führungsgrößen:

$$f\,(x_w, y_w) = 0 \qquad (14)$$

(Selbstverständlich kann der Sollpunkt auch der Schablonenfläche zugeordnet sein - dann nämlich, wenn der Fühler fest in der X/Y-Ebene liegt und sich die Schablone bewegt. Auf diese Alternative wird jedoch im folgenden nicht mehr verwiesen werden).

Als typisches Merkmal einer Nachformeinrichtung, wie jeder Steuerungseinrichtung an einer Werkzeugmaschine, die für die Erzeugung der Werkstückgeometrie verantwortlich ist, ist festzuhalten, daß zwei grundsätzliche Aufgaben gestellt sind:

a) Führungsgrößenerzeugung: Erzeugung der zeitlichen Verläufe
$x_w = x_w(t)$ und $y_w = y_w(t)$

b) Istgrößenerzeugung: Erzeugung der Istgrößen, bzw. in diesem
Falle einer Lageregelung der Regelgrößen $x_{ist} = x_{ist}(t)$
und $y_{ist} = y_{ist}(t)$ sowie, als Voraussetzung dafür, der
Stellgrößen $v_x = v_x(t)$ und $v_y = v_y(t)$

Bezüglich a) wird man fordern, daß die Nachformeinrichtung diese Verläufe selbsttätig erzeugt, daß also der Taster selbsttätig die Schablonenkontur abfährt. Möglich und ausgeführt sind jedoch auch Lösungen, bei welchen der Taster von Hand an der Schablone entlanggeführt wird; die Aufgabe der Nachformeinrichtung beschränkt sich dann auf diejenige der Lageregelung.

Im Gegensatz dazu werden bei einer numerischen Bahnsteuerung mit synchroner Interpolation die zeitlichen Verläufe der Führungsgrößen den Lageregelkreisen "starr" vorgegeben. Das heißt, daß kein rückwirkender Einfluß von der Lageregelung auf die Führungsgrößenerzeugung, in diesem Fall die Interpolation, vorhanden ist.

Auch beim einachsigen Nachformen kann unter der Voraussetzung, daß der Taster in jedem Augenblick an der Schablone anliegt, von einer "starren" Führungsgrößenerzeugung gesprochen werden. Durch Vorgabe einer bestimmten Leitvorschubgeschwindigkeit ergibt sich aus dieser und aus der Schablonenkontur ein wohldefinierter zeitlicher Verlauf der Führungsgröße für die lagegeregelte Achse.

Dagegen resultieren beim zweiachsigen Nachformen die Führungsgrößen aus der Schablonenkontur und den von der Einrichtung selbst erzeugten Vorschubgeschwindigkeiten; es besteht hier eine Rückwirkung von der Lageregelung auf die Führungsgrößenerzeugung (Bild 2-07).

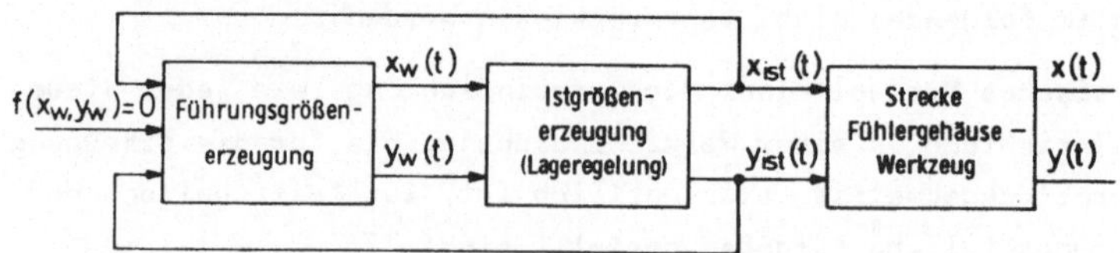

Bild 2-07: Prinzipielle
Struktur eines Nachformsystems

Die obige Voraussetzung weist auf eine weitere Eigenart des Nachformens hin. Dem Taster wird eigentlich keine Bahn vorgeschrieben, sondern vielmehr eine Begrenzung, oben mit $f_1(x,y) = 0$ be-

zeichnet. (Es gibt nur einige wenige Ausnahmen, bei denen der
Taster z.B. in einer Rille geführt wird). Auch von daher gesehen ist die Vorgabe der Führungsgröße nicht "starr". Diese
Tatsache führt zu einer Verschärfung der oben genannten Bedingung a): Die Nachformeinrichtung muß den Taster nicht nur
am Modell entlangführen, sondern muß dafür sorgen, daß der
Taster in jedem Augenblick am Modell anliegt. Erst dann kann
unterstellt werden, daß sich der Taster auf der oben mit

$f(x_w, y_w) = 0$ bezeichneten Bahn bewegt.

2.4 Möglichkeiten der Stellgrößenermittlung

Bezeichnet man die Lage des am Nachformmodell anliegenden Tasters als Sollposition (Führungsgröße) und die Lage des Fühlergehäuses als Istposition (Regelgröße), so ergibt sich daraus
von selbst die Bezeichnung der (relativ zum Fühlergehäuse auftretenden) Tasterauslenkung als Regelabweichung. Bei einem einachsigen Nachformsystem ist die Tasterauslenkung s ein Skalar,
aus ihr muß die Stellgröße, das ist in diesem Falle die Tastvorschubgeschwindigkeit v_T, so abgeleitet werden, daß sie ihre Ursache zu mindern sucht.

Beim zweiachsigen Nachformen gilt dasselbe, nur daß hier Regelabweichung und Stellgröße als Vektoren z.B. in der X/Y-Ebene zu
betrachten sind. Sie werden mit $\vec{s}$ (Vektor der Tasterauslenkung)
und $\vec{v_B}$ (Vektor der Bahngeschwindigkeit) bezeichnet. Die Aufgabe der Nachformeinrichtung ist es, aus der Tasterauslenkung den
Betrag und die Richtung, bzw., bei festliegendem Betrage, nur die
Richtung der Bahngeschwindigkeit im Sinne einer Folgeregelung zu
ermitteln.

Zur Erläuterung zeigt <u>Bild 2-08</u> eine Taster-Werkzeug-Konfiguration
in der X/Y-Ebene. (Die Tasterauslenkung ist dabei im Interesse
der besseren Anschaulichkeit übertrieben groß dargestellt. Aus
demselben Grunde ist es weiterhin von Vorteil, sich das Werkzeug im
Mittelpunkt des Fühlergehäuses vorzustellen; solange sich die Betrachtung auf die Lageregelung beschränkt, ist dies auch erlaubt.
Damit wird also unterstellt, daß $x = x_{ist}$ und $y = y_{ist}$ ist.

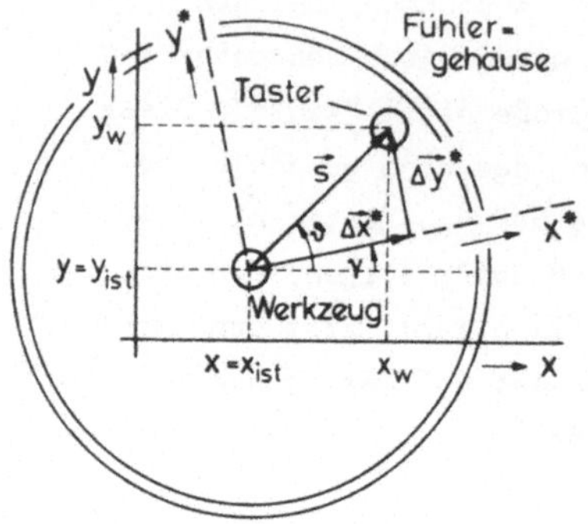

Bild 2-08: Erfassung der Tasterauslenkung $\vec{s}$ (Werkzeug im Mittelpunkt des Fühlergehäuses gedacht)

Die Mittelpunkte von Taster und Fühlergehäuse bzw. Werkzeug werden im folgenden auch kurz mit Soll- und Istpunkt bezeichnet werden).

Wenn man die Möglichkeit berücksichtigt, daß ein Winkelversatz zwischen dem Maschinen- (bzw. Antriebs-)koordinatensystem und dem Koordinatensystem des Taster-Meßsystems besteht, so kommt man zu folgenden Meßgrößen, mit deren Hilfe die Tasterauslenkung erfaßt werden kann:

.1 Komponentenbeträge Δx^* und Δy^* im x^*/y^*-Koordinatensystem der Meßeinrichtung

.2 Winkel $\vartheta - \gamma$ der Tasterauslenkung im Meßkoordinatensystem

.3 Betrag $s = |\vec{s}|$ der Tasterauslenkung.

2.4.1 Komponentenbeträge der Tasterauslenkung als Meßgrößen

Diese Messung beinhaltet sowohl die Erfassung des Betrags als auch der Richtung der Tasterauslenkung und hat somit von den drei dargestellten Möglichkeiten den größten Informationsgehalt. Es wird nun einem Vektor der Tasterauslenkung $\vec{s}$ ein Vektor der Bahngeschwindigkeit $\vec{v_B}$ so zugeordnet, daß

$$v_x = k_v \Delta x^* \tag{15a}$$

$$\left. \right\} \quad \text{damit} \quad v_B = k_v \, s \tag{15}$$

$$v_y = k_v \Delta y^* \tag{15b}$$

$$\text{und} \quad \alpha = \vartheta - \gamma \tag{16}$$

ist (**Bild 2-09**). Dabei ist k_v die sogenannte Geschwindigkeitsverstärkung.

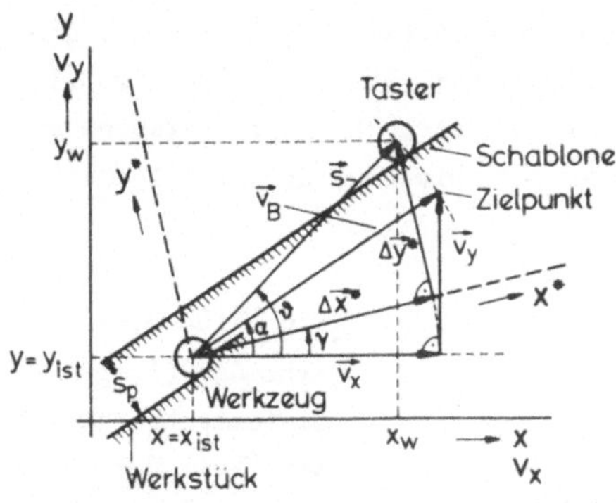

Bild 2-09: Komponentenbeträge der Tasterauslenkung als Meßgrößen

Wie Bild 2-09 zeigt, folgt das Werkzeug (Istpunkt) damit einem Zielpunkt, der mit Taster und Werkzeug im gedanklichen Sinne fest gekoppelt ist. Durch den Winkelversatz γ des Meßkoordinatensystems zum Maschinenkoordinatensystem tritt eine Parallelabweichung zwischen Soll- und Istkontur auf. Sie beträgt:

$$s_p = s \sin \gamma \tag{17}$$

Um die durch verschiedene Versatzwinkel γ gegebenen Fälle zu charakterisieren, wird das Vektorfeld der Bahngeschwindigkeit $\vec{v_B}$, in dessen Mittelpunkt der Taster liegt, betrachtet. Dazu wird der Tastermittelpunkt (Sollpunkt) in den Ursprung des x/y-Koordinatensystems (**Bild 2-10**) gelegt. Die Komponenten des Vektors $\vec{v_B}$ in einem Punkt der X/Y-Ebene sind:

$$v_x = \frac{d x}{d t} = - k_v (x \cos\gamma + y \sin\gamma) \tag{18a}$$

$$v_y = \frac{d y}{d t} = k_v (x \sin\gamma - y \cos\gamma) \tag{18b}$$

Damit ist die Bahn des Werkzeugs (Bahn des Istpunktes) für den Fall, daß der Taster festgehalten wird, gegeben (Beispiel: Taster läuft in eine recht- oder spitzwinklige Ecke und wird dort für eine gewisse Zeit aufgehalten). Im Bild ist das Vektorfeld für $\gamma = 45^\circ$ eingezeichnet; die zugehörige Bahn des Istpunkts geht in den Ursprung.

Für die übrigen Winkel γ gilt: Der Istpunkt strebt bei $-90° \lessgtr \gamma < 90°$ zum Taster bzw. Sollpunkt, bei $90° < \gamma < 270°$ vom Sollpunkt weg. Im letzteren Fall des "nacheilenden" Tasters ist demnach die Arbeitsweise der Nachformeinrichtung monoton instabil. Die Bedingung, daß die Stellgröße ihre Ursache zu mindern hat, ist hier nicht erfüllt. Bei $\gamma = 90°$ und $\gamma = 270°$ beschreibt der Istpunkt eine Kreisbahn um den Sollpunkt, das System befindet sich hier auf der Stabilitätsgrenze.

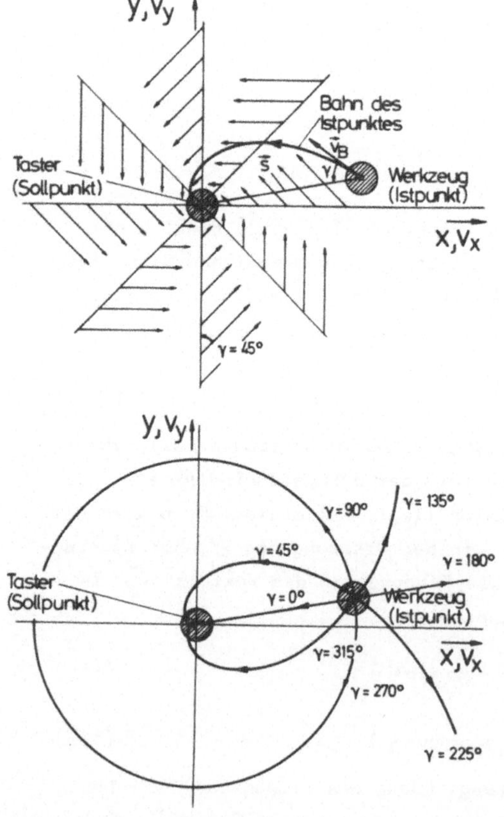

Bild 2-10: Bahnen des Werkzeugs (Istpunkt) bei festgehaltenem Taster (Sollpunkt) als charakteristisches Merkmal eines Nachformsystems mit Auswertung der Komponentenbeträge der Tasterauslenkung (oben Vektorfeld der Bahngeschwindigkeit und Bahn des Istpunktes für $\gamma = 45°$, unten Bahnen des Istpunktes für verschiedene γ).

Die weitere Betrachtung beschränkt sich auf die beiden in der Praxis vorkommenden Fälle:

$\gamma = 0°$: "Voreilender" Taster $(s_p = 0)$

$\gamma = 90°$: Äquidistant laufender Taster $(s_p = s)$

Es soll nun die Frage der mechanischen Kopplung von Taster und
Fühlergehäuse untersucht werden. Diese Kopplung hat die Aufgabe,
den Taster an das Nachformmodell zu drücken und an diesem ent-
langzuführen. Man kann bezüglich der Bewegungsfreiheit des Tasters drei und bezüglich der Anlenkung der Rückstellkraft zwei
Fälle unterscheiden:

a1) Der Taster kann sich auf einem Kreis mit Radius
     $s = s_0 = const$ um den Mittelpunkt des Fühlergehäuses be-
     wegen: Soll- und Istpunkt sind in Bezug auf ihren Ab-
     stand starr gekoppelt.

a2) Soll- und Istpunkt sind bezüglich ihres Abstands nur
     nach einer Seite starr gekoppelt, so daß $s \leqq s_0$ sein kann.

a3) Soll- und Istpunkt sind nachgebend gekoppelt, es kann
     $s \lesseqgtr s_0$ sein.

b1) Die am Taster angreifende Rückstellkraft ist zum Fühler-
     mittelpunkt gerichtet; der Fühler ist von sich aus be-
     strebt, die Tasterauslenkung zu null zu machen, bei ent-
     lastetem Fühler ist damit $s = 0$.

b2) Die am Taster angreifende Rückstellkraft ist nicht zum
     Fühlermittelpunkt gerichtet, bei entlastetem Fühler ist
     $s \neq 0$.

Es sei zunächst wieder der Fall des "voreilenden" Taster betrachtet. Da der Taster gegen das Nachformmodell drücken muß, scheidet
für die Kraftanlenkung die Lösung b1 aus. Die verbleibenden Möglichkeiten a1-, a2- und a3-b2 sind in __Bild 2-11__ skizziert. Eine wesentliche Einschränkung des ersten Falls besteht darin, daß ein solches
System keine Innenecken mit Winkeländerungen von 90° und größer be-
wältigen könnte. Ansonsten unterscheiden sich die drei Möglichkeiten im Winkelbereich $\Delta\alpha$, in dem nachgeformt werden kann:

a1-b2: $\Delta\alpha = 180^\circ$

a2-b2 und a3-b2: $\Delta\alpha = arc\ cos\ (s_0/R) \leqq 90^\circ$

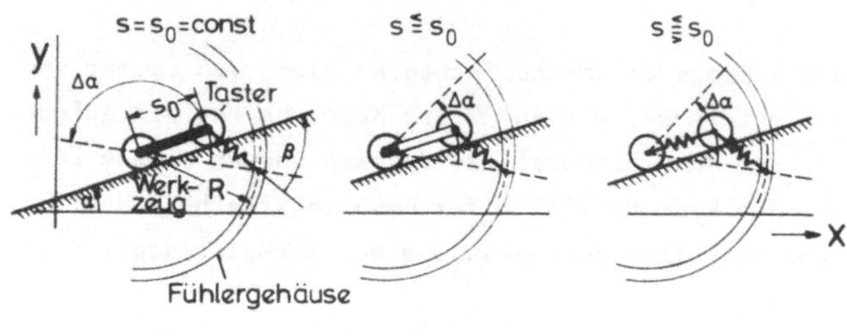

Lösung   a1-b2   a2-b2   a3-b2

Bild 2-11: Prinzipdarstellung verschiedener Fühlerbauarten, bei
welchen die Tasterrückstellkraft nicht zum Mittelpunkt des Fühlergehäuses gerichtet ist

Diese Begrenzung des Winkelbereichs kann dadurch aufgehoben werden, indem man die Richtung der Kraftanlenkung laufend der Verfahrrichtung anpaßt, so daß der Winkel β unabhängig von der Verfahrrichtung konstant bleibt.

Bei früheren Nachformeinrichtungen geschah dies von Hand (vgl. Ausführungsbeispiel 2.7.1), neuere Systeme verwenden dagegen Hilfs-
regelkreise, die entweder den Winkel β selbst oder eine andere für
die gewünschte Konfiguration typische Größe konstant halten (vgl.
Ausführungsbeispiele 2.7.2 und 2.7.3). Mit diesen Hilfsregelungen
wird weiterhin in den Fällen, in denen die Tasterauslenkung nicht
zwangsweise konstant ist, diese wegen $v_B = k_v \cdot s$ nötige Konstanz
erreicht.

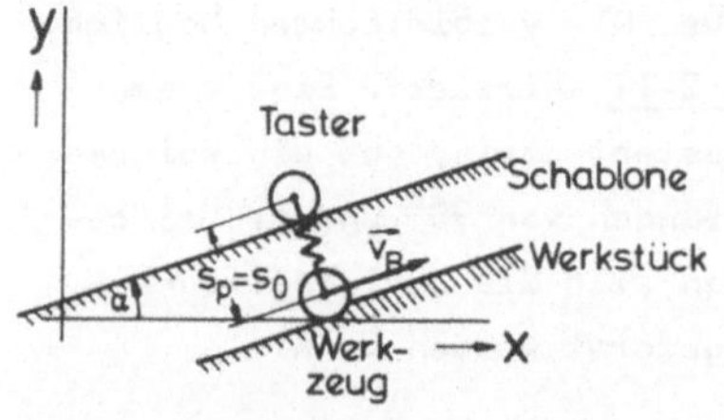

Bild 2-12: Prinzipdarstellung der
Fühlerbauart eines Nachformsystems
mit äquidistant zur Werkzeugbahn
laufendem Taster (Tasterrückstellkraft zum Mittelpunkt des Fühlergehäuses gerichtet)

Im Falle des äquidistant laufenden Tasters bietet sich für die
Fühlerkonstruktion die Lösung a3-b1 an (Bild 2-12), bei welcher
der Taster zum Fühlermittelpunkt tendiert und damit an die Schablone gedrückt und an dieser entlanggeführt wird. Es kann als Vor-

teil aller Nachformeinrichtungen mit äquidistant laufendem Taster
angesehen werden, daß die Nachformfühler verhältnismäßig einfach
aufgebaut sind; der Taster ist i.a. in einer am Fühlergehäuse ein-
gespannten Membran gelagert und erfährt somit bei jeder Auslenkung eine zum Fühlermittelpunkt gerichtete Rückkraft (vgl. Bild
3-02). Ein solches Nachformsystem, das den Vektor der Bahngeschwindigkeit gemäß den Gl.en (15) und (16) ermittelt (mit
$\gamma = 90°$) würde allerdings noch nicht im Sinne einer Regelung arbeiten. (Eine Tasterauslenkung erzeugt zwar eine Vorschubgeschwindigkeit, die aber nicht bestrebt ist, diese Auslenkung, also ihre Ursache, wieder rückgängig zu machen. Störgrößen werden
nicht ausgeregelt.) Es sind deshalb zusätzlich stabilisierende Maßnahmen nötig, durch die insbesondere die Tasterauslenkung konstant
gehalten wird (vgl. Ausführungsbeispiel 2.7.4).

2.4.2 Winkel der Tasterauslenkung als Meßgröße

Bei der in obigem Abschnitt beschriebenen Art des Nachformens muß
zur Erreichung konstanter Bahngeschwindigkeit die Tasterauslenkung
in ihrem Betrag konstant gehalten werden. Von daher gesehen, kann
der Vektor der Bahngeschwindigkeit gleich von vornherein festgelegt
werden mit

$$v_B = v_{BO} = \text{const} \qquad \text{und} \qquad \alpha = \vartheta - \gamma \qquad (19a,b)$$

Es genügt also offensichtlich, den Winkel ϑ der Tasterauslenkung
zu messen. Das Vektorfeld der Bahngeschwindigkeit (<u>Bild 2-13</u>), in
dessen Mittelpunkt sich der Taster befindet, ist hier beschrieben
durch

$$v_x = \frac{d\,x}{d\,t} = -\frac{v_{BO}}{\sqrt{x^2 + y^2}} \; (\, x \cos\gamma + y \sin\gamma \,) \qquad (20a)$$

$$v_y = \frac{d\,y}{d\,t} = \frac{v_{BO}}{\sqrt{x^2 + y^2}} \; (\, x \sin\gamma - y \cos\gamma \,) \qquad (20b)$$

Die Bahnen des Istpunktes in diesem Vektorfeld sind die gleichen
wie die in dem durch die Gl.en (18a) und (18b) beschriebenen. Die
obigen Ausführungen über die bei verschiedenen Winkeln γ gegebenen
Fälle gelten deshalb auch hier, ebenso gelten die Bemerkungen über
die verschiedenen Fühlerbauarten.

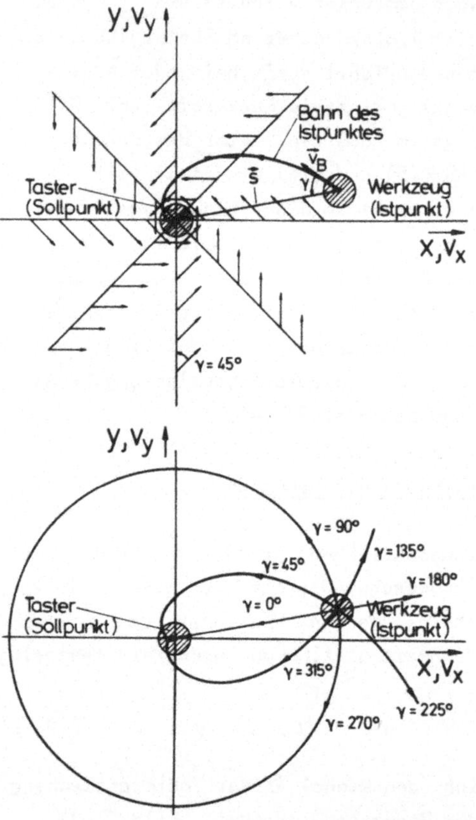

Bild 2-13: Bahnen des Werkzeugs (Istpunkt) bei festgehaltenem Taster (Sollpunkt) als charakteristisches Merkmal eines Nachformsystems mit Auswertung der Richtung der Tasterauslenkung (oben Vektorfeld der Bahngeschwindigkeit und Bahn des Istpunktes für $\gamma = 45°$, unten Bahnen des Istpunktes für verschiedene γ)

Der Unterschied zwischen beiden Systemen liegt im Zeitverhalten. Dies wird klar, wenn man die Bahngeschwindigkeit in Abhängigkeit von der Tasterauslenkung betrachtet (Bild 2-14). Im ersten Fall (Auswertung der Komponentenbeträge) ist entsprechend Gl. (15):

$$v_B = k_v\, s$$

Im zweiten Fall (Auswertung nur des Winkels der Tasterauslenkung) gilt dagegen:

$$v_B = v_{B0}\, \text{sgn}\, s \qquad (21)$$

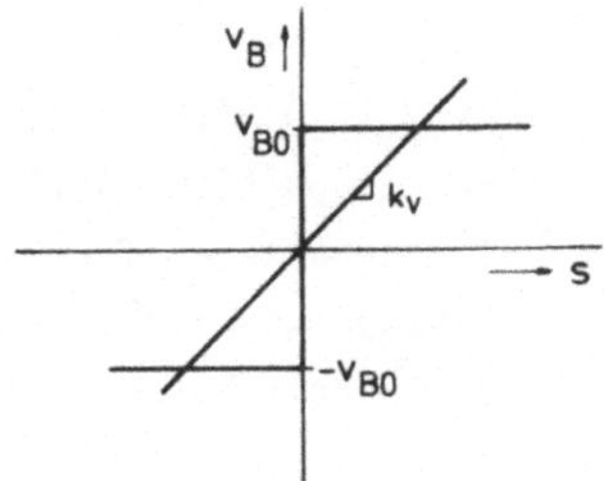

Bild 2-14: Kennlinie $v_B = f(s)$ bei Nachformsystemen mit Auswertung der Komponentenbeträge und bei solchen mit Auswertung des Winkels der Tasterauslenkung

2.4.3 Betrag der Tasterauslenkung als Meßgröße

Bei alleiniger Kenntnis des Betrages der Tasterauslenkung müssen für den Bahngeschwindigkeitsvektor $\vec{v}_B$ Abhängigkeiten $v_B = f(s)$ und $\alpha = f(s)$ gebildet werden, die der Nachformeinrichtung das nötige Folgeverhalten vermitteln. Da die Bahngeschwindigkeit konstant sein soll, kann von vornherein $v_B = $ const gesetzt werden; es verbleibt damit noch die Bestimmung des Verfahrwinkels in Abhängigkeit von der Tasterauslenkung. Ein Verhalten dieser Art ergibt sich dann, wenn der Vektor $\vec{v}_B$ durch den Betrag

$$v_B = v_{BO} = \text{const} \tag{22a}$$

und den Winkel

$$\alpha = \alpha_V + k_\alpha \cdot s \tag{22b}$$

festgelegt wird.

α_V ist dabei die Vorzugsrichtung, d.h. diejenige Richtung, die bei entlastetem Fühler gefahren wird.

Zur Charakterisierung wird wieder die Bahn des Istpunkts bei festgehaltenem Taster betrachtet (Bild 2-15). Für jede Vorzugsrichtung α_V ist ein Vektorfeld der Bahngeschwindigkeit gegeben (im Bild für $\alpha_V = 90°$ gezeichnet). Es wird beschrieben durch (Taster im Ursprung des x/y-Koordinatensystems):

$$v_x = \frac{d\,x}{d\,t} = v_{BO}\,\cos\left(\alpha_V + k_\alpha \sqrt{x^2 + y^2}\right) \tag{23a}$$

$$v_y = \frac{d\,y}{d\,t} = v_{BO}\,\sin\left(\alpha_V + k_\alpha \sqrt{x^2 + y^2}\right) \tag{23b}$$

$$\text{wobei}\quad k_\alpha = 2\pi/s_{max} \tag{24}$$

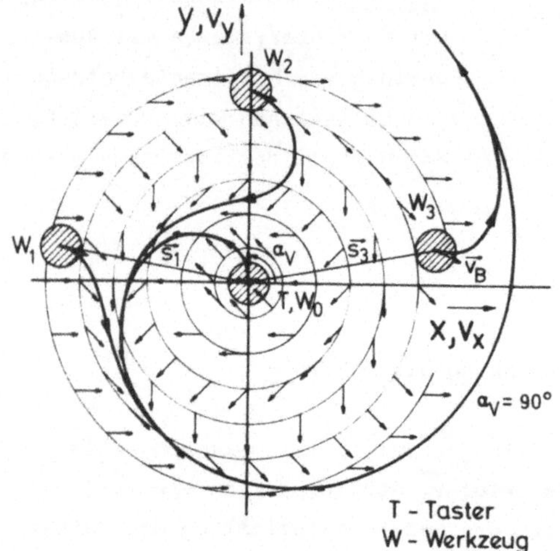

Bild 2-15: Bahnen des Werkzeugs (Istpunkt) bei festgehaltenem Taster (Sollpunkt) als charakteristisches Merkmal eines Nachformsystems mit Auswertung des Betrags der Tasterauslenkung und mit festliegender Vorzugsrichtung

Mit s_{max} ist dabei diejenige Tasterauslenkung bezeichnet, die eine Änderung der Richtung der Vorschubgeschwindigkeit gerade um 360° bewirkt. Lautet die Anfangsbedingung $s = 0$ (Anfangspunkt W_0 des Werkzeugs), so ergibt sich ein spiralförmiger Verlauf des Istpunkts aus dem Nullpunkt heraus, die Tasterauslenkung wächst dabei stetig an. Bei anderen Anfangsbedingungen $s \neq 0$ stellen sich Verläufe ein, die in diese Spirale einmünden (im Bild sind drei Beispiele gezeigt: Anfangspunkte W_1, W_2 und W_3). Von daher gesehen könnte das System als monoton instabil bezeichnet werden. Betrachtet man jedoch den praktischen Fall, so erkennt man, daß der Taster immer nur in bestimmten Richtungen festgehalten wird. Das Nachformsystem findet mit Sicherheit, spätestens nach einer 180°-Änderung des Verfahrwinkels, diejenige Richtung, bei welcher der Taster wieder frei wird. Diese Aussage wird durch **Bild 2-16**, das die Soll- und Istbahn beim Nachformen einer aus rechtwinkligen Elementen zusammengesetzten Kontur zeigt, unterstrichen. Beim Anlaufen des Tasters an die Schablone (bei einer Innenecke z.B.) ergibt sich jeweils eine spiralförmige Änderung der Istbahn solange, bis der Taster wieder frei ist.

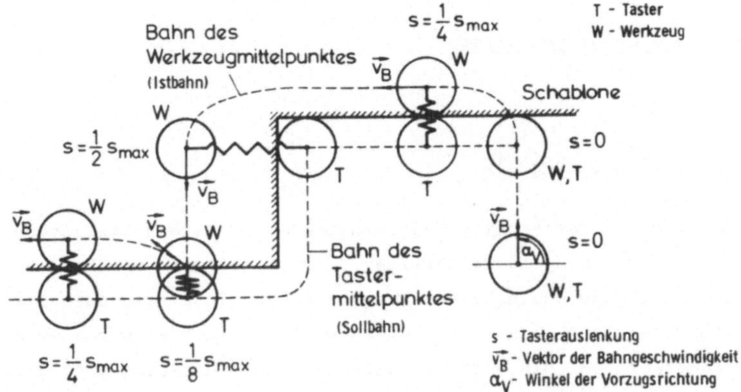

Bild 2-16: Verhalten eines Nachformsystems mit Auswertung des Betrages der Tasterauslenkung und festliegender Vorzugsrichtung beim An- und Umfahren einer Schablone

Will man mit einem System dieser Art ohne Winkelbeschränkung nachformen, so muß die Vorzugsrichtung α_V laufend dem Nachformwinkel α angepaßt werden, da sich sonst die Tasterauslenkung stetig vergrößern würde. Die Anpassung erfolgt in dem Sinne, daß

$$\alpha_V = \alpha - (\Delta\alpha)_0 \qquad (25)$$

wobei mit $(\Delta\alpha)_0$ ein konstanter Differenzwinkel gekennzeichnet ist. Damit ergibt sich, mit Gl.en (22b) und (24):

$$s = s_0 = \frac{(\Delta\alpha)_0}{2\pi} \, s_{max} = const \qquad (26)$$

Bei Systemen dieser Art, wozu auch das in Kap. 3 behandelte gehört, bleibt also die Tasterauslenkung unabhängig von der Verfahrrichtung konstant.

Das in Bild 2-15 gezeigte charakteristische Vektorfeld gilt für diese Systeme nur noch eingeschränkt auf einen einzelnen Augenblick. Bedingt durch die sich verändernde Vorzugsrichtung stellt sich hier eine kreisförmige Bahn des Werkzeugmittelpunkts um den festgehaltenen Taster ein.

Die Fühlerbauarten entsprechen in beiden Fällen dem mit a3-b1 bezeichneten Typ (vgl. Bild 2-12).

2.5 Die Lageregelkreise

2.5.1 Stetig - unstetig

Je nachdem, ob der (statische) Zusammenhang zwischen Stellgröße
und Regelabweichung einer stetigen oder unstetigen Funktion entspricht, wird auch die gesamte Lageregelung als stetig oder unstetig bezeichnet. Stetig ist eine Funktion $a = f(e)$ dann, wenn
zu jedem Wert e ein Wert a definiert ist. Unstetig sind demnach insbesondere alle Funktionen, die Sprungstellen aufweisen.
Ein Sonderfall der stetigen Funktion ist die lineare, auf die der
Überlagerungssatz angewandt werden darf (Bild 2-17).

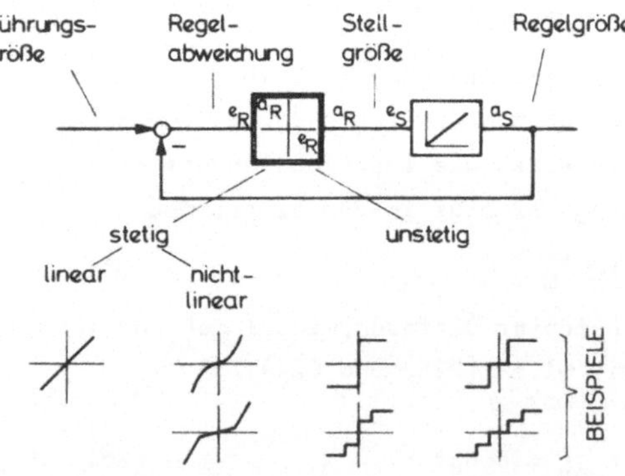

Bild 2-17: Stetige
und unstetige Lage-
regelkreise

Eine Unstetigkeit kann bei einem Lageregelkreis sowohl im Lagever-
gleicher (z.B. Kontaktfühler beim Nachformen) gegeben sein als auch
im Antrieb (z.B. elektromagnetische Schaltkupplungen im Vorschubantrieb). Was das Führungsverhalten angeht so verhalten sich jedoch
auch solche unstetige Lageregelkreise quasi-stetig, wenn nur die
Führungsgröße stetig verläuft. Die Unstetigkeit zeigt sich erst im
Kleinen, d.h. in kleinen Abweichungen von der Sollkontur.

2.5.2 Typ des Lageregelkreises

Bei stetigen Lageregelkreisen ist eine weitere Kennzeichnung nach
dem Typ angebracht, wobei im wesentlichen zwischen Typ 1 und Typ 2
zu unterscheiden ist (Bild 2-18). Wenn man davon ausgeht, daß die
Regelstrecke des Lageregelkreises I-Verhalten aufweist (Umsetzung
einer Vorschubgeschwindigkeit in eine Lageänderung des Schlittens),
so zeichnet sich die erstgenannte Gruppe (Typ 1) durch das P-Verhalten der Regeleinrichtung aus, die letztere (Typ 2) durch ein
PI- oder PID-Verhalten. Entscheidend ist die Vielfachheit der
Pole für $p = 0$ des Frequenzgangs des offenen Regelkreises - bei
Typ 1 ist ein Pol im Ursprung der p-Ebene vorhanden, bei Typ 2
sind es entsprechend zwei. Bei Lageregelkreisen vom Typ 1 tritt
sowohl ein Geschwindigkeitsfehler als auch ein Beschleunigungsfeh-
ler auf, bei solchen vom Typ 2 dagegen nur ein Beschleunigungsfeh-
ler.

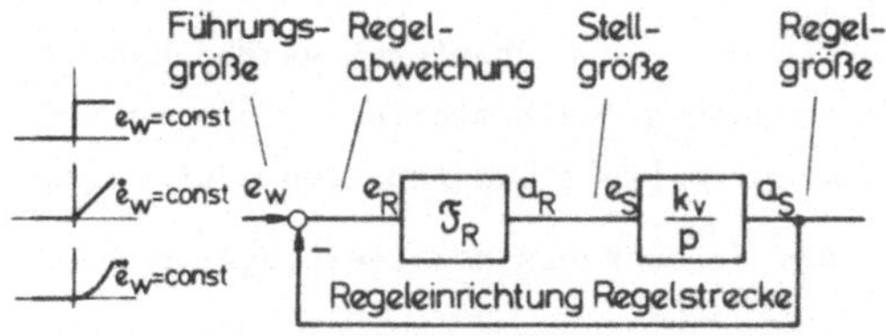

Verhalten der Regeleinrichtung	P	PI	PID
Frequenzgang der Regeleinrichtung	1	$(1 + \dfrac{1}{pT_R})$	$(1 + pT_D + \dfrac{1}{pT_R})$
Frequenzgang des off. Regelkreises	$-\dfrac{1}{p}\,k_v$	$-\dfrac{1}{p^2}\dfrac{k_v}{T_R}(1+pT_R)$	$-\dfrac{1}{p^2}\dfrac{k_v}{T_R}(1+pT_R+p^2T_RT_D)$
Typ der Lageregelung	1	2	2
Regelabw. $e_R\big|_{p=0}$ e_w=const	0	0	0
$\dot{e}_w$=const	$\dfrac{\dot{e}_w}{k_v}$	0	0
$\ddot{e}_w$=const	$\to \infty$	$T_R\dfrac{\ddot{e}_w}{k_v}$	$T_R\dfrac{\ddot{e}_w}{k_v}$

Bild 2-18: Typ einer Lageregelung

Trotzdem sind die Lageregelkreise numerisch bahngesteuerter Werkzeugmaschinen ausnahmslos vom Typ 1, da hier der Geschwindigkeitsfehler (oder "Schleppabstand") zum überschwingungsfreien Positio-
nieren in einen Zielpunkt benötigt wird. Zudem führt hier der Geschwindigkeitsfehler im stationären Zustand zu keiner Bahnabweichung,
so daß keinerlei Notwendigkeit besteht, Lageregelkreise vom Typ 2
auszuführen. Dagegen gibt es sowohl einachsige als auch zweiachsige
Nachformeinrichtungen, deren Lageregelungen vom Typ 2 sind (vgl.
[15]und Kap.3). Der Einsatz des stärker zum Schwingen neigenden
Lageregelkreises vom Typ 2 ist beim Nachformen eher möglich, da die
Führungsgrößen "weicher" verlaufen als bei der numerischen Steuerung.

2.6 Unterteilung zweiachsiger Nachformeinrichtungen

Aufgrund der obigen Betrachtungen werden die folgenden wesentlichen
Gesichtspunkte, mit deren Hilfe eine Charakterisierung zweiachsiger
Nachformeinrichtungen erfolgen kann, zusammenfassend aufgestellt:

a) Winkelbereich, in welchem nachgeformt werden kann

b) Führungsgrößenerzeugung: selbsttätig - nicht selbsttätig

c) Istgrößenerzeugung: mittels Lageregelung - ohne Lageregelung

Im üblichen Fall des Vorhandenseins einer Lageregelung interessiert
weiter:

d) Prinzip der Stellgrößenermittlung:

$\vec{v}_B$ Bahngeschwindigkeit		$\vec{s}$ Tasterauslenkung
Betrag und Richtung	aus	Betrag und Richtung
Richtung (Betrag liegt fest)	aus	Richtung
Richtung (Betrag liegt fest)	aus	Richtung

   Damit zusammenhängend: Lage des Tasters zum Werkzeug im
   stationären Zustand: voreilend - äquidistant laufend

e) Kennlinie der Lageregelung: stetig - nicht stetig
   Damit zusammenhängend: Richtungsabhängigkeit der Bahngeschwindigkeit: Verhältnis von Minimal- zu Maximalwert

f) Typ der Lageregelung: Typ 1 - Typ 2

2.7 Beschreibung zweiachsiger Nachformeinrichtungen [ ]

Im folgenden werden einige gebräuchliche zweiachsige Nachformeinrichtungen beschrieben, ohne daß jedoch auf gerätetechnische Ein-
zelheiten eingegangen wird. Zur Orientierung sind ihre charakteristischen Eigenschaften aufgrund der oben erarbeiteten Kriterien
in Bild 2-19 vorab zusammengestellt.

Ein-richtung	Nachformwinkel-bereich	Führ.größenerzeugung / Istgrößenerzeugung	Stellgrößen-ermittlung	Lage des Tasters	Änd. der Bahngeschw.	Kennlinie der Lageregelung	Typ
A	90° (mit manueller Nachstellung ∞)	selbsttätig Lageregelung	Richtung–Richtung	voreilend	$1 : \sqrt{2}$	unstetig	–
B	unbegrenzt	selbsttätig Lageregelung	Betrag u. Richtg.–Betrag u. Richtg.	voreilend	keine	stetig (Nachstellng. unstetig)	1
C	unbegrenzt	selbsttätig Lageregelung	Betrag u. Richtg.–Betrag u. Richtg.	voreilend	keine	stetig	1
D	unbegrenzt	selbsttätig Lageregelung	Betrag u. Richtg.–Betrag u. Richtg.	äquidist.	keine	stetig	1
E	180° (mit Quadr.-umschaltung ∞)	selbsttätig Lageregelung	Betrag – Richtung	äquidist.	$1 : \sqrt{2}$	unstetig	–
F	180° (mit Quadr.-umschaltung ∞)	selbsttätig Lageregelung	Betrag – Richtung	äquidist.	vgl. Bild 2-27	stetig	1
G	360° (mit Zusatz-einrichtung ∞)	selbsttätig Lageregelung	Betrag – Richtung	äquidist.	keine	stetig	2
H	unbegrenzt	selbsttätig Lageregelung	Betrag – Richtung	äquidist.	keine	stetig	2

Bild 2-19: Tabellarische Übersicht der wichtigsten Eigenschaften
der beschriebenen zweiachsigen Nachformeinrichtungen

2.7.1 <u>Einrichtung A (Keller-Fühler)</u> [10,18,20]

Zum besseren Verständnis der nachfolgend beschriebenen Systeme
und auch wegen der historischen Bedeutung wird zunächst, obwohl
heute kaum mehr in Gebrauch, die Nachformeinrichtung mit dem
sog. Keller-Fühler (DRP 464 545 von 1927) beschrieben (<u>Bild 2-20</u>).

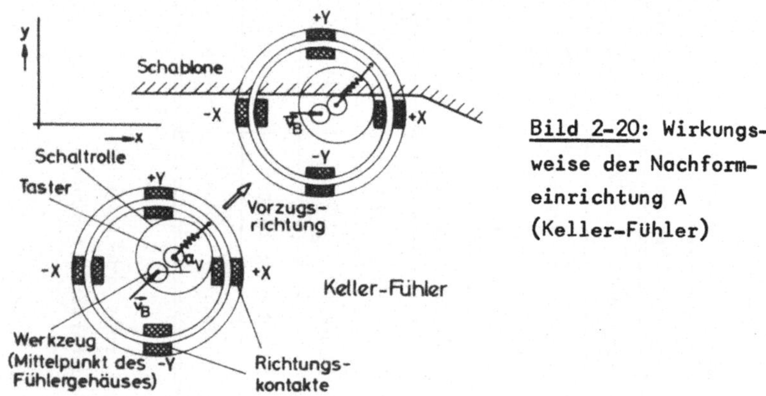

<u>Bild 2-20</u>: Wirkungsweise der Nachformeinrichtung A (Keller-Fühler)

Dieser Fühler entspricht in seinem prinzipiellen Aufbau der in
2.4.1 mit a2-b2 gekennzeichneten Art. Der Taster ist um den Fühlermittelpunkt frei beweglich und wird von einer Feder in eine einstellbare Richtung vorausgelenkt. Die Richtung der Bahngeschwindigkeit als Stellgröße wird aus der Richtung der Tasterauslenkung ermittelt (wobei $\gamma = 0°$, vgl. Bild 2-09). Gemäß dem damaligen Ent-
wicklungsstand der Antriebstechnik geschieht dies unstetig mittels
elektromagnetischer Lamellenkupplungen.

Im Bild ist der Taster zunächst so ausgelenkt, daß die Richtungen
+Y und +X geschaltet sind, die Verfahrrichtung ist demnach $\alpha_V = 45°$
(Vorzugsrichtung). Bei Auftreffen auf die Schablone löst sich die
mit dem Taster verbundene Schaltrolle vom +Y-Kontakt, es wird damit in +X verfahren.Tritt nun z.B., wie im Bild angedeutet, eine
progressive Änderung der Schablonenkontur auf, so wird der Taster
weiter ausgelenkt bis die Schaltrolle den -Y-Kontakt berührt und
die Nachformeinrichtung damit der Konturänderung folgt. Infolge der
unstetigen Arbeitsweise wird die Schablonenkontur als Polygonzug,

dessen Teilstücke die verfahrbaren Richtungen aufweisen, nachgeformt. Die Feinheit der Annäherung hängt von der Höhe der Bahngeschwindigkeit sowie von den Verzugszeiten im Regelkreis ab.

Wesentlicher Nachteil dieser Anordnung ist die Beschränktheit des
Nachformwinkelbereichs $\Delta\alpha$ auf 90°. Diese kann allerdings aufgehoben werden, wenn die Richtung des Federzugs laufend der jeweiligen Konturrichtung in dem Sinne angepaßt wird, daß der Feder-
zug schräg nach vorn gegen die Schablone gerichtet ist. Diese
Nachstellung muß vom Bedienungsmann vorgenommen werden; die Weiterentwicklung des Systems zielte deshalb in erster Linie auf deren
selbsttätigen Ablauf.

2.7.2 Einrichtung B   [12,18,34]

Der Fühler der Nachformeinrichtung B arbeitet im Prinzip ähnlich
wie der Keller-Fühler (Art a2-b2), weist jedoch hinsichtlich der
Führungsgrößenerzeugung und hinsichtlich der Stellgrößenermittlung
zwei entscheidende Verbesserungen auf. Zum einen sorgt ein Hilfsregelkreis dafür, daß der Taster bei jeder Verfahrrichtung gegen
die Schablone drückt - damit entfällt jede Beschränkung des Nachformwinkelbereichs - , zum anderen wird die Stellgröße stetig ermittelt.

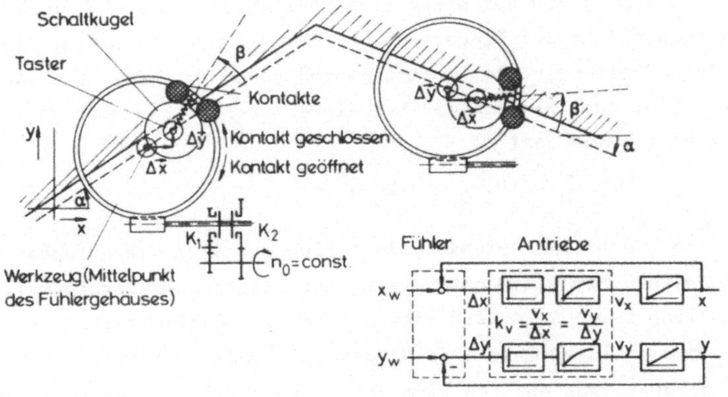

Bild 2-21: Nachformeinrichtung B mit Auswertung der
Komponenten der Tasterauslenkung und un-
stetiger Hilfsregelung

Wie <u>Bild 2-21</u> zeigt, ist der Taster mit einer Schaltkugel verbunden, die federnd gegen ein Kontaktpaar, das mit dem Fühlergehäuse verbunden ist, gedrückt wird (im Bild zum besseren Verhältnis als Zugfeder gezeichnet). Bei Entlastung des Tasters (degressive Konturänderung) bleibt der Kontakt geschlossen, dadurch werden über einen Hilfsantrieb (elektromagnetische Kupplungen bzw. in einer neueren Ausführung ein hydraulischer Servomotor) die Richtung des Federdrucks und die Winkellage des Kontaktpaares solange verändert, bis der Taster wieder soweit belastet ist, daß sich der Kontakt öffnet. Bei Belastung des Tasters durch eine progressive Konturänderung verläuft der Vorgang in umgekehrtem Sinne. Auf diese Art und Weise wird ein bestimmter Winkel $\beta = \beta_0$ zwischen Verfahrrichtung und Richtung des Federzugs (bzw. -drucks) aufrechterhalten. Wegen des Zweipunktverhaltens dieser Hilfsregelung pendelt der Winkel β im stationären Fall um den Wert β_0.

Solange die Schablone nicht erreicht ist, würde sich eine kreisende Bewegung der Einrichtung ergeben, da das Kontaktpaar ständig überbrückt ist. Deshalb darf der Hilfsregelkreis erst dann wirksam werden, wenn der Taster an der Schablone anliegt.

Die Tasterauslenkungen Δx und Δy (es ist $\gamma = 0^0$) werden proportional in Vorschubgeschwindigkeiten v_x und v_y umgesetzt (Lageregelung vom Typ 1). In der praktischen Ausführung werden dazu die Auslenkungen direkt auf Steuerschieber für die hydraulischen Vorschubantriebe übertragen. Da im stationären Zustand immer $s = s_0 = const$ ist, bleibt auch die Bahngeschwindigkeit richtungsunabhängig auf einem konstanten Wert

$$v_B = v_{B0} = k_v s_0 \qquad\qquad (27)$$

An dieser Nachformeinrichtung läßt sich deutlich die Aufgabenzweiteilung in Führungsgrößenerzeugung und Istgrößenerzeugung bzw. Lageregelung zeigen. Es wird einmal durch die Fühlerkonstruktion und durch den Hilfsregelkreis dafür gesorgt, daß der Taster die Schablone abfährt, zum anderen wird durch die Umsetzung der Tasterauslenkungen in Vorschubgeschwindigkeiten erreicht, daß das Werkzeug dem Taster folgt.

2.7.3 Einrichtung C   [34]

Der Fühler dieser Einrichtung entspricht der in 2.4.1 mit a3-b2
gekennzeichneten Art. Sein Taster ist membrangelagert und erfährt
somit eine zum Fühlermittelpunkt gerichtete Kraftkomponente.
Eine zweite Kraftkomponente wird von einer Druckfeder (in Bild 2-22
zur besseren Anschaulichkeit als Zugfeder gezeichnet) auf den Taster ausgeübt und bewirkt eine Vorauslenkung in Vorzugsrichtung.
Ein in diesem Fall stetiger Hilfsregelkreis sorgt wieder dafür, daß
sich die Richtung des Federdrucks laufend der Verfahrrichtung anpaßt. Dessen Regelgröße ist der Betrag der Tasterauslenkung – im
Unterschied zu der oben beschriebenen Einrichtung, bei welcher dies
der Winkel β war. Wegen $s = f(\beta)$ bleibt dadurch natürlich auch
der Winkel β auf einem konstanten Wert. Der Betrag der Tasterauslenkung wird in diesem Fall mechanisch gebildet (über Kugelpfanne
und Kugel, s. Bild 2-23) und auf den Steuerschieber eines hydraulischen Servomotors übertragen, der die Richtung des auf den Taster
ausgeübten Federdrucks ändert. Zum Anfahren an die Schablone muß
der Hilfsregelkreis wieder unwirksam gemacht werden. Die Tasterauslenkungen werden wie bei der Einrichtung B in Vorschubgeschwindigkeiten umgesetzt.

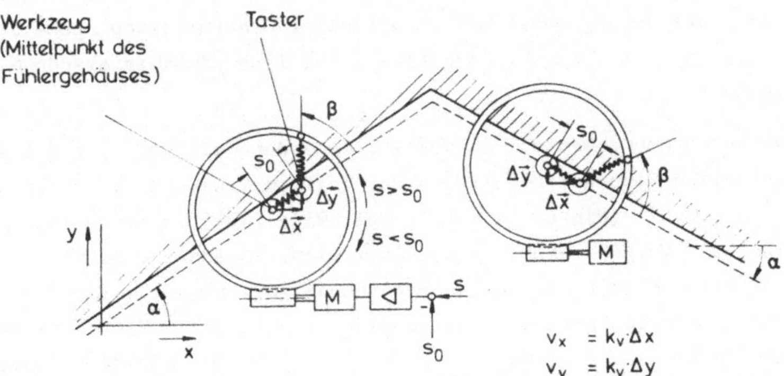

Bild 2-22: Nachformeinrichtung C mit Auswertung
der Komponenten der Tasterauslenkung
und stetiger Hilfsregelung

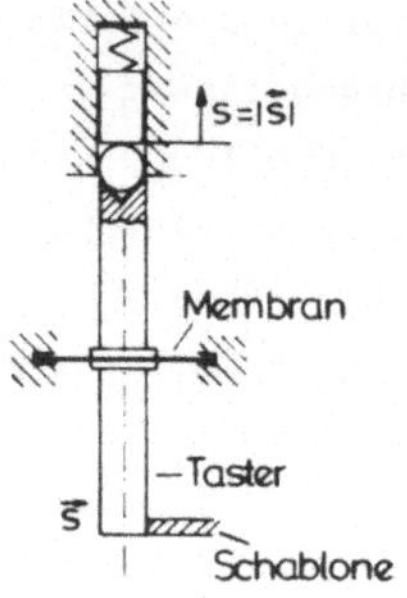

Bild 2-23: Mechanische Betragsbildung der Tasterauslenkung

Bei der in <u>Bild 2-22</u> gezeigten Konturänderung wird zunächst $s < s_0$
bewirkt. Die Richtung des Federzugs ändert sich dadurch solange
bis wieder $s = s_0$ erreicht ist, d.h. auch bis wieder $\beta = \beta_0$
ist.

2.7.4 <u>Einrichtung D</u> [24,26,34]

Während bei den bisher beschriebenen Einrichtungen der Taster voraus-
eilte, läuft er hier äquidistant zur Werkzeugbahn. Wie unter 2.4.1
dargelegt, wirkt bei diesen Systemen, die zudem die Richtung der
Tasterauslenkung auswerten, die Stellgrößenermittlung nicht im Sinne
einer Lageregelung. Es sind hier zusätzlich stabilisierende Maßnahmen nötig.

Diese Maßnahme besteht in dem vorliegenden Fall darin, daß aus den
aktuellen Komponentenbeträgen der Tasterauslenkung $\Delta x = \Delta y^*$ und
$\Delta y = \Delta x^*$ (Winkel $\gamma = 90°$, vgl. Bild 2-09) in einer Rechenschaltung der Verfahrwinkel α bestimmt wird. (Die Rechenschaltung arbeitet mit elektrischen Wechselspannungen, die Winkel werden dabei als
entsprechende Phasenverschiebungen nachgebildet). Mit den eingegebe-
nen Werten v_{B0} und s_0 werden, wie in <u>Bild 2-24</u> dargestellt,
die Sollwerte für die Komponenten der Tasterauslenkung und der Bahngeschwindigkeit gebildet und den Lageregelkreisen bzw. unterlagerten
Geschwindigkeitsregelkreisen vorgegeben. Damit wird als stabilisierende Maßnahme eine bestimmte Konfiguration von Taster und Werkzeug
überwacht und aufrechterhalten.

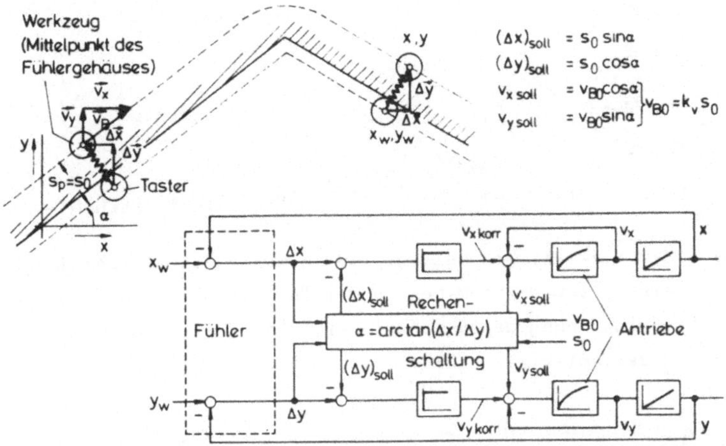

Bild 2-24: Nachformeinrichtung D mit Auswertung
der Komponenten der Tasterauslenkung.
Tasterbahn und Werkzeugbahn äquidistant

Der Fühler dieser Einrichtung ist einfach aufgebaut, da er von der
Aufgabe der Führungsgrößenerzeugung entlastet ist. Der Taster ist
in einer Membran gelagert und entspricht damit der mit a3-b1 bezeichneten Art, Einrichtungen zur Vorauslenkung sind nicht vorhanden. Die Komponenten der Tasterauslenkung werden mit Hilfe in-
duktiver Meßsysteme gemessen.

2.7.5 Einrichtungen E [09,10,11,12,13,14,17,18,19,20,28,34]

Die nachfolgend beschriebenen Einrichtungen E, F, G und H werten
den Betrag der Tasterauslenkung aus. Dabei werden unter E zunächst
alle unstetigen Systeme zusammengefasst. Ihre Wirkungsweise ist in
Bild 2-25 an einem Beispiel dargestellt. Der Fühler bildet mechanisch (vgl. Bild 2-23) oder elektrisch (vgl. Kap. 3) den Betrag der
Tasterauslenkung. Im ersten Fall werden mit wachsender Tasterauslenkung Kontakte geschaltet ("Kontaktfühler"), die über Relais die
elektromagnetischen Kupplungen der Vorschubantriebe z.B. in dem im
Bild gezeigten Sinne schalten:

$$0 \leqq s \leqq s_1 \quad : \quad K_{+y} \qquad \text{"Tastvorschub"}$$

$$s_1 \leqq s \leqq s_2 \quad : \quad K_{+y} \text{ und } K_{+x}$$

$$s_2 \leqq s \leqq s_3 \quad : \quad K_{+x} \qquad \text{"Leitvorschub"}$$

$$s_3 \leqq s \leqq s_4 \quad : \quad K_{+x} \text{ und } K_{-y}$$

$$s_4 \leqq s \quad\qquad : \quad K_{-y} \qquad \text{"neg. Tastvorschub"}$$

Im Falle der elektrischen Betragsbildung würde das gleiche dadurch
erzielt werden, daß die dem Betrag der Tasterauslenkung entsprechende Signalspannung durch Schwellwertschalter in die gewünschten
Abschnitte zerlegt wird [13] .

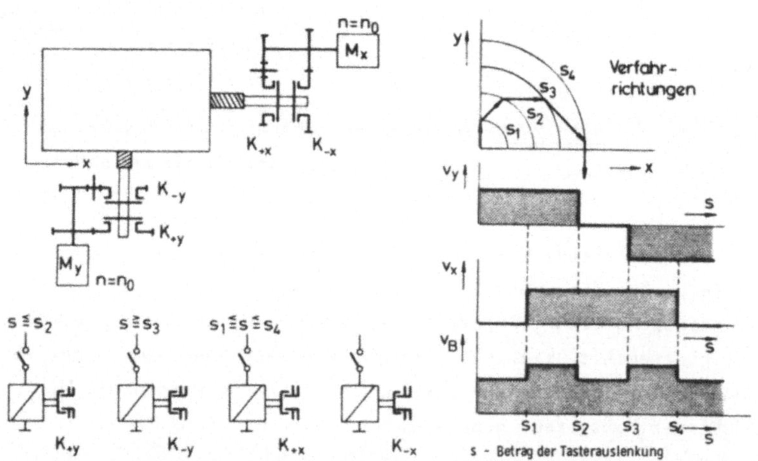

Bild 2-25: Unstetige Nachformeinrichtung mit Auswertung des Betrags der Tasteraus-
lenkung

Bei festgehaltenem Taster ergibt sich die im Bild oben rechts ge-
zeigte charakteristische, spiralförmig nach außen laufende Bahn des
Werkzeugs. Die Bahngeschwindigkeit variiert, je nach Richtung, im
Verhältnis $1 : \sqrt{2}$.

Die gezeigte Einrichtung wird, nach der Zahl der möglichen "Fühler-
stellungen" und nach dem Nachformwinkelbereich als "180°-Fünfstel-
lungs-Kontaktregelung" bezeichnet. Daneben sind natürlich auch

Ausführungen möglich mit anderen Winkelbereichen und anderer Stufung der Richtungen (z.B. "180°-Dreistellungs-Kontaktregelung", bei der sinngemäß nur die Richtungen +Y, +X und -Y gefahren werden können).

Der Vorzug dieser Einrichtungen ist der verhältnismäßig geringe gerätetechnische Aufwand. Von Nachteil ist dagegen, daß eine Kontur infolge des unstetigen Verhaltens polygonartig nachgefahren wird (wobei sich allerdings durch die Trägheit der Antriebe und durch die Werkzeuggeometrie ein weitgehendes "Verschleifen" ergibt). Schwerwiegender ist der Nachteil, daß der Betrag der Tasterauslenkung gemäß Gl.en (22b) und (24) proportional mit

$$\frac{s}{s_{max}} = \frac{\alpha - \alpha_V}{2\pi} \tag{28}$$

von der Verfahrrichtung abhängt und sich dadurch eine Verzerrung der Sollkontur ergibt.

Um diese Verzerrungen in Grenzen zu halten, werden sogenannte Quadrantenumschaltungen vorgenommen. Dabei wird, bei Erreichen eines bestimmten Nachformwinkels bzw. einer bestimmten Tasterauslenkung, die Zuordnung der Tasterauslenkungsbereiche zu den Vorschubrichtungen und damit auch die Zuordnung von Tast- und Leitvorschub zu den Maschinenachsen geändert. Wegen des Übereinstimmens von Vorzugsrichtung (Verfahrrichtung bei entlastetem Fühler, d.h. bei $s = 0$) und Richtung des Tastvorschubs kann gesagt werden, daß die Quadrantenumschaltung eine, wenn auch unstetige Anpassung (jeweils um 90°) der Vorzugsrichtung an die Verfahrrichtung bewirkt. Damit entfällt auch die Beschränkung des Nachformwinkelbereichs.

Im gezeigten Beispiel würde bei Erreichen von $s = s_4$ die Zuordnung der Tasterauslenkungen zu den Vorschubrichtungen wie folgt umgeschaltet werden:

$$0 \leqq s \leqq s_1 \quad : \quad K_{+x} \qquad \text{"Tastvorschub"}$$

$$s_1 \leqq s \leqq s_2 \quad : \quad K_{+x} \text{ und } K_{-y}$$

$$s_2 \leqq s \leqq s_3 \quad : \quad K_{-y} \qquad \text{"Leitvorschub"}$$

$$s_3 \leqq s \leqq s_4 \quad : \quad K_{-y} \text{ und } K_{-x}$$

$$s_4 \leqq s \quad : \quad K_{-x} \qquad \text{"neg. Tastvorschub"}$$

Bei Vergleich mit dem ursprünglichen Schema zeigt sich als Nachteil der Quadrantenumschaltung, daß die Tasterauslenkung im Augenblick des Umschaltens springt, in diesem Fall von $s = s_4$ auf $s = s_2$. Dadurch entstehen Markierungen in der Werkstückoberfläche.

Um eine Veränderung der Tasterauslenkung um jeweils nur $s_{max}/8$ zu erhalten, müßte entsprechend eine Umschaltung der Vorzugsrichtung um $45°$ bei einer $45°$-Änderung der Verfahrrichtung vorgenommen werden ("Oktantenumschaltung").

2.7.6 Einrichtungen F   [09,10,11,12,18,19,24,28,34]

Unter den Buchstaben F sollen alle Nachformeinrichtungen fallen, bei denen ein stetiger, festliegender Zusammenhang zwischen der Vorschubrichtung und dem Betrag der Tasterauslenkung gegeben ist. Die prinzipielle Wirkungsweise ist in **Bild 2-26**, analog zu Bild 2-25, an einem Beispiel dargestellt. Der Fühler bildet wieder den Betrag der Tasterauslenkung. Aus diesem werden die Vorschubgeschwindigkeiten so abgeleitet, daß sich ein linearer oder angenähert linearer Zusammenhang zwischen der Richtung der Bahngeschwindigkeit und der Tasterauslenkung ergibt. Im Idealfall ist dazu zu bilden:

$$v_{xsoll} = v_{BO} \, \sin 2\pi \frac{s}{s_{max}} \tag{29a}$$

$$v_{ysoll} = v_{BO} \, \cos 2\pi \frac{s}{s_{max}} \tag{29b}$$

Es erfolgt somit eine stetige Anpassung der Beträge von Tast- und Leitvorschubgeschwindigkeit, so daß die resultierende Bahngeschwindigkeit konstant bleibt.

Da die gerätetechnische Verwirklichung von sin-cos-Funktionsgebern aufwendig ist, begnügt man sich i.a. mit einer trapez- oder dreieckförmigen Annäherung (**Bild 2-27**). Insbesondere bei hydraulischen Einrichtungen, bei denen ein vom Taster ausgelenktes Steuerventil den konstanten Förderstrom der Pumpe auf die beiden Achsen verteilt, verlaufen die Vorschubgeschwindigkeiten trapez- (bei Vorhandensein von Unempfindlichkeitsbereichen) bzw. dreieckförmig über der Tasterauslenkung. Der letztere Fall ist beschrieben durch

$$\left| v_{xsoll} \right| + \left| v_{ysoll} \right| = \text{const} \tag{30}$$

Die Richtungsabhängigkeit der Bahngeschwindigkeit, ausgedrückt als
Verhältnis von Minimal- zu Maximalwert, kann als Maß für die Güte
der Annäherung der sin-cos-Funktion herangezogen werden.

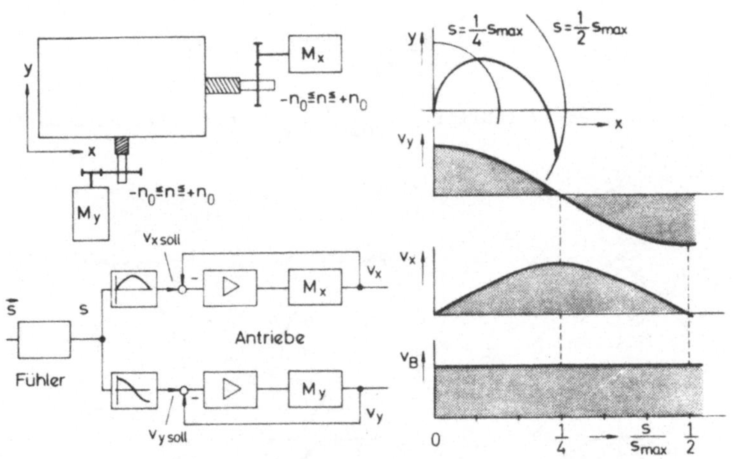

Bild 2-26: Stetige Nachformeinrichtung mit
Auswertung des Betrags der Tasterauslenkung

Um einen Hinweis zur Dimensionierung des in Kap. 3 beschriebenen
Funktionsgebers zu gewinnen, erschien es sinnvoll, die optimale
Form der Annäherung zu bestimmen, d.h. diejenige Form bei welcher
die kleinste Differenz zwischen Maximal- und Minimalwert der Bahngeschwindigkeit auftritt. Betrachtet man zunächst die Extremwerte
des sinnvollen Bereichs $0 \leqq \xi \leqq 1/8$ (nur in diesem Bereich ergibt
sich ein angenähert linearer Verlauf der Vorschubrichtung über der
Tasterauslenkung), so erhält man

- 56 -

für $\xi = 0$ (Dreieckform): $\quad \dfrac{v_{Bmax} - v_{Bmin}}{v_{BO}} = 1 - \dfrac{1}{\sqrt{2}} = 0,29$

für $\xi = 1/8 \qquad : \quad \dfrac{v_{Bmax} - v_{Bmin}}{v_{BO}} = \sqrt{2} - 1 = 0,41$

Der Wert ξ kennzeichnet hierbei die Trapezform (vgl. Bild 2-27).
Offenbar liegt zwischen diesen beiden Werten von ξ ein optimaler,
bei welchem

$$\frac{v_{Bmax} - v_{Bmin}}{v_{BO}} \longrightarrow \text{Min.}$$

geht und damit das Verhältnis v_{Bmin}/v_{Bmax} möglichst nahe an den
Wert 1 rückt.

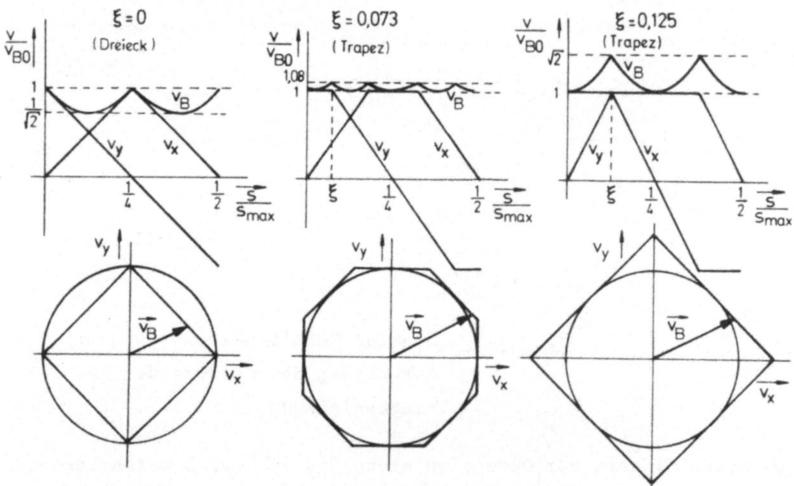

Bild 2-27: Annäherung der sin- und cos-Funktion

Zur Ermittlung der optimalen Trapezform werden zunächst, in Abhängigkeit von ξ, die Maximal- und Minimalwerte der bezogenen
Bahngeschwindigkeit v_B/v_{BO} im Bereich I, $0 \leqq s/s_{max} \leqq \xi$, und
im Bereich II, $\xi \leqq s/s_{max} \leqq 1/8$, bestimmt. Sie ergeben sich aus den
Teilverläufen der bezogenen Vorschubgeschwindigkeiten v_x/v_{BO}
und v_y/v_{BO} und lauten:

$$\left(\frac{v_{Bmax}}{v_{B0}}\right)_{I} = \left.\frac{v_B}{v_{B0}}\right|_{\frac{s}{s_{max}}=\xi} = \frac{\sqrt{1 - 8\xi + 32\,\xi^2}}{1 - 4\xi} \qquad (31a)$$

$$\left(\frac{v_{Bmax}}{v_{B0}}\right)_{II} = \left.\frac{v_B}{v_{B0}}\right|_{\frac{s}{s_{max}}=\xi} = \frac{\sqrt{1 - 8\xi + 32\,\xi^2}}{1 - 4\xi} \qquad (31b)$$

$$\left(\frac{v_{Bmin}}{v_{B0}}\right)_{I} = \left.\frac{v_B}{v_{B0}}\right|_{\frac{s}{s_{max}} = 0} = 1 \qquad (31c)$$

$$\left(\frac{v_{Bmin}}{v_{B0}}\right)_{II} = \left.\frac{v_B}{v_{B0}}\right|_{\frac{s}{s_{max}} = \frac{1}{8}} = \frac{1/\sqrt{2}}{1 - 4\xi} \qquad (31d)$$

Diese Verläufe sind in __Bild 2-28__ dargestellt.

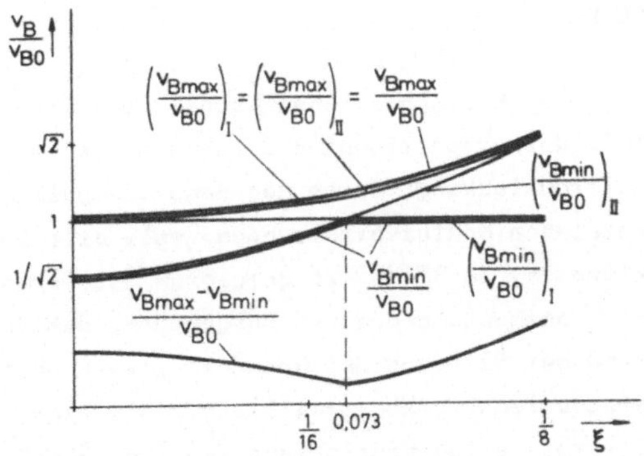

__Bild 2-28__: Extremwerte der Bahngeschwindigkeit bei verschiedenen Trapezformen

Zeichnet man dazu die Kurve

$$\frac{v_{Bmax} - v_{Bmin}}{v_{B0}} = f(\xi)$$

wobei v_{Bmax}/v_{B0} und v_{Bmin}/v_{B0} die Hüllkurven der Maximal- bzw. Minimalwerte darstellen, so erkennt man sofort, daß das gesuchte Optimum bei

$$\left(\frac{v_{Bmin}}{v_{BO}}\right)_{II} = 1$$

liegt. Aus dieser Bedingung leitet sich ab:

$$\xi = \xi_{opt} = \frac{1}{4}\left(1 - \frac{1}{\sqrt{2}}\right) = 0,073 \tag{32}$$

Das als Beurteilungskriterium gewählte Verhältnis der Extremwerte ist hier

$$\frac{v_{Bmin}}{v_{Bmax}} = \frac{1}{1,08} = 0,925$$

Bei dieser speziellen Trapezform beträgt also die Abweichung von v_{BO} nur etwa 8%. In der Praxis kann sogar mit einer noch geringeren Abweichung gerechnet werden, da die Funktionsgeber die Übergänge in der Trapezform meistens abgerundet nachbilden.

2.7.7 Einrichtung G

Es besteht bei den unter F beschriebenen Nachformeinrichtungen nach wie vor der Nachteil des proportionalen Zusammenhangs zwischen Nachformwinkel und Tasterauslenkung. Durch den dadurch bedingten Proportionalfehler entstehen Konturverzerrungen (vgl. Bild 2-16). Bei der Weiterentwicklung des in Bild 2-26 gezeigten Nachformsystems wird dieser starre Zusammenhang dadurch aufgehoben, daß die Vorzugsrichtung laufend der Richtung des Nachformwinkels angepaßt wird und damit die Tasterauslenkung konstant bleibt. Der eingehenden Beschreibung dieser verbesserten Einrichtung ist Kap. 3 gewidmet.

2.7.8 Einrichtung H   [27,34]

Wie Bild 2-29 zeigt, werden über elektrische Netzwerke, die die sin- und cos-Funktionen in trapezförmiger Annäherung verwirklichen, Sollwerte für die Leit- und Tastvorschubgeschwindigkeit v_L und v_T gebildet (vgl. dazu die unter 2.2 gegebenen Definitionen). Diese Größen werden nun jedoch den Maschinenachsen nicht starr vorgegeben, vielmehr kann, je nach Winkelstellung des übertragenden Drehmelders, jede beliebige Zuordnung zu den Maschinenachsen hergestellt werden. Mit Hilfe des Drehmelders ist es also möglich, das v_L/v_T-Koordinatensystem in einen beliebigen Winkel zum v_x/v_y-Koordinatensystem zu drehen oder, wie man es auch darstellen kann, den Nullpunkt der Funktionen $v_x = f(s)$ und $v_y = f(s)$ auf der Abszisse zu verschieben und damit die Vorzugsrichtung zu verändern. Die Verbindung zwischen beiden Betrachtungsweisen ergibt sich aus der Übereinstimmung von Vorzugsrichtung und Richtung des Tastvorschubs. Es ist dies diejenige Richtung, die von der Nachformeinrichtung bei plötzlicher Entlastung des Fühlers im ersten Augenblick eingeschlagen wird.

Die Verstellung der Vorzugsrichtung erfolgt selbsttätig über einen Servomotor, der den Drehmelder immer dann verdreht, wenn $s \neq s_0$ ist (wobei $s_0 = s_{max}/4$). Dieser Vorgang bewirkt eine Korrektur der Vorschubrichtung solange bis wieder der Zustand $s = s_0$ erreicht ist. Es wird damit auf eine bestimmte Tasterauslenkung s_0 geregelt.

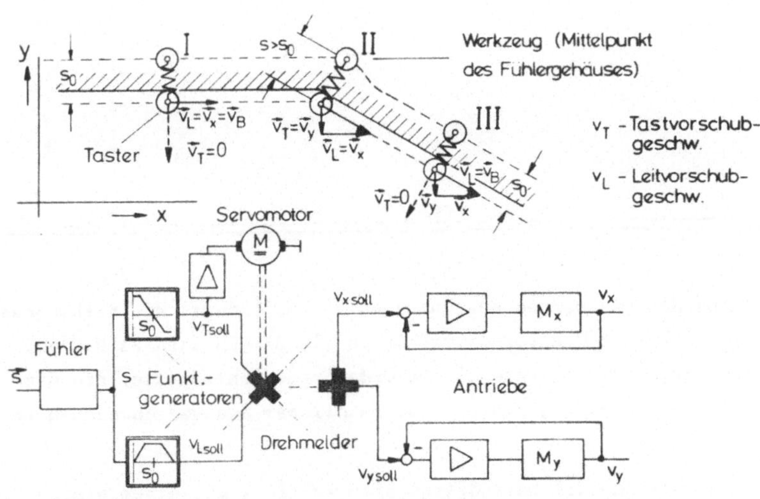

Bild 2-29: Nachformeinrichtung H mit Auswertung des Betrags der Tasterauslenkung und stetiger Nachstellung der Vorzugsrichtung

Beim Nachformen einer Innenecke z.B. wird, wie in Bild 2-29 dargestellt, durch die Konturänderung zunächst $s > s_0$ bewirkt. Dadurch wird $v_T \neq 0$, das System würde nun mit einer Tasterauslenkung $s > s_0$ der neuen Konturrichtung folgen (Zustand II - soweit
unterschiede sich die Wirkungsweise nicht von derjenigen einer unter F beschriebenen Einrichtung). Durch das Ansprechen des Servomotors und die Verstellung des Drehmelders wird nun jedoch die Verfahrrichtung solange korrigiert, bis wieder $s = s_0$ ist bzw.
$v_T = 0$ und $v_L = v_B$.

<hr>

Aufgabe der bisherigen Ausführungen war es einmal, die Wirkungsweise zweiachsiger Nachformeinrichtungen im allgemeinen zu klären.
Daraus ergaben sich wesentliche Ordnungsgesichtspunkte, die dann
bei der Beschreibung einiger gebräuchlicher Systeme Anwendung fanden.

Das nächste Kapitel beschäftigt sich vertieft mit einem dieser Systeme. Im Mittelpunkt der Betrachtung steht dabei dessen Lageregelung.

3 Untersuchung einer stetigen zweiachsigen Nachformeinrichtung mit konstanter Tasterauslenkung und Bahngeschwindigkeit

3.1 Entwicklung aus einer unstetigen Nachformeinrichtung [28,32,33]

Bei der Entwicklung des im folgenden behandelten Nachformsystems wurde zunächst von der unter 2.7.5 in Bild 2-25 beschriebenen Nachformeinrichtung ausgegangen. Der Einsatz stetiger Elemente an Stelle der unstetigen brachte zunächst den allgemeinen Vorteil der stetigen Arbeitsweise, im besonderen jedoch denjenigen der konstanten, von der Verfahrrichtung unabhängigen Bahngeschwindigkeit [28] .

Zur Vermeidung des Proportionalfehlers, der aus der starren Zuordnung der Verfahrrichtung zur Tasterauslenkung herrührt, können, wie bei den unstetigen Systemen üblich, Quadrantenumschaltungen vorgenommen werden, durch welche die Vorzugsrichtung des Nachformsystems stufenweise der Nachformrichtung angepaßt wird. Bei einem stetigen System wäre es nun jedoch wegen der auftretenden Kontursprünge wenig sinnvoll, diese Anpassung nur bei $90°$-Änderungen der Nachformrichtung vorzunehmen, vielmehr wird man dies bereits bei sehr kleinen Änderungen, d.h. also ebenfalls stetig tun. (Es sollte lediglich auf die Verwandtschaft zwischen der Quadrantenumschaltung und der stetigen Anpassung der Vorzugsrichtung hingewiesen werden). Dieser Gedankengang führte zu der im folgenden behandelten Einrichtung mit den charakteristischen Merkmalen der Auswertung des Betrages der Tasterauslenkung und der stetigen Anpassung der Vorzugsrichtung.

In <u>Bild 3-01</u> ist dargestellt, wie bei diesem System die Sollwerte v_{xsoll} und v_{ysoll} der Vorschubgeschwindigkeiten durch die Regeleinrichtung ermittelt werden ("Stellgrößenermittlung"). Der Fühler liefert eine Ausgangsspannung, die dem Betrage der Tasterauslenkung proportional ist. Dieses Signal wird den sin-cos-Funktionsgebern zugeleitet, an deren Ausgänge die Sollwerte für die Vorschubantriebe erscheinen. Das Eingangssignal der Funktionsgeber entspricht damit im stationären Zustand dem Verfahrwinkel α. Soweit wäre die Einrichtung

bereits funktionsfähig, jedoch mit dem erwähnten Nachteil des auftretenden Proportionalfehlers behaftet.

Dieser wird nun dadurch aufgehoben, daß an die Funktionsgeber ein
zweiter Eingang gelegt wird. Die hier anliegende Spannung entspricht
offenbar der Vorzugsrichtung α_V , d.h. der Verfahrrichtung bei
$s = 0$. Die Verstellung der Vorzugsrichtung erfolgt nun mit Hilfe
eines Integrierers immer dann, wenn der Betrag der Tasterauslenkung
von einem eingestellten Sollwert abweicht und zwar solange, bis
die Differenz wieder verschwunden ist. Somit findet eine Regelung
auf konstante Tasterauslenkung statt (Festwertregelung). Diese konstant bleibende Abweichung kann z.B. durch eine entsprechende Differenz zwischen Werkzeug- und Tasterradius ausgeglichen werden.

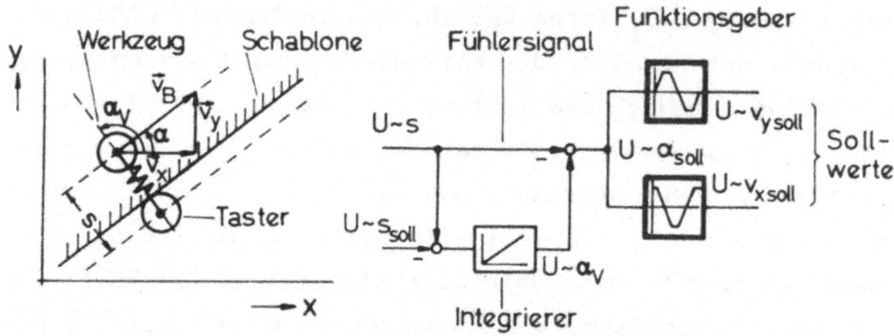

<u>Bild 3-01</u>: Ermittlung der Sollwerte der Vorschub-
geschwindigkeiten des Nachformsystems
(Stellgrößenermittlung)

3.2 <u>Beschreibung der Elemente und Geräte im Lageregelkreis anhand ihrer Kennlinien</u>

Inhalt des Kapitels 3 ist die Behandlung der Lageregelung des Nachformsystems mit dem Ziel, Angaben über eine günstige Einstellung der
Reglerparameter zu finden. Zuvor muß jedoch das Verhalten der Elemente
im Lageregelkreis analysiert werden. Der erste Schritt ist dabei das
Ausmessen der Kennlinien, um die Frage nach Linearität bzw. Linearisier-

barkeit beantworten zu können. Die Bestimmung der Zeitverhalten ist
dann der zweite Schritt.

Die Lageregelung der Nachformeinrichtung wird dazu in folgende Ein-
heiten unterteilt:

Fühler   (als Gerät, das den Soll-Istwert-Vergleich vornimmt
             und das Signal für den Betrag der Tasterauslenkung
             bildet)

Regeleinrichtung (als elektrische Schaltung, die aus dem Signal
             der Tasterauslenkung die Sollwerte der Vorschubge-
             schwindigkeiten bildet)

Antrieb   (als Einrichtung, welche die Geschwindigkeitssollwerte
             in entsprechende Geschwindigkeiten umsetzt. Der An-
             trieb umfasst in diesem Fall einen Geschwindigkeits-
             regelkreis; als Ausgangsgröße wird die Motorge-
             schwindigkeit angesehen)

Mechanisches Übertragungssystem (als Spindel-Schlitten-Anordnung,
             welche die Bewegung des Vorschubmotors auf den Schlit-
             ten überträgt)

3.2.1 Fühler

Der verwendete Fühler ist für Umrißarbeiten geeignet, seine Konstruktion ist in Bild 3-02 dargestellt (1-Fühlergehäuse, 2-Membran, 3-Ta-
ster, 4-Präzisionswälzlager, 5-Notaus-Kontakt, 6-Spulen des induk-
tiven Verlagerungsmeßsystems, 7-Anker). Das Gehäuse wurde, um eine
gute Dämpfung des Taster-Membran-Systems zu erreichen, mit Siliconöl gefüllt. Bedingt durch die Membranlagerung kann der Taster nach allen Richtungen in der X/Y-Ebene ausgelenkt werden. Bei einer Distanz
von $l = 85$ mm zwischen Tasterdrehpunkt und Tasterspitze beträgt
die Steifigkeit der Tasterauslenkung $c = 16,5$ N/mm .

Der Fühler bildet den Betrag der Tasterauslenkung in seiner elektrischen Schaltung. Zunächst werden die in den Meßrichtungen gelegenen
Auslenkungen Δx^* und Δy^* getrennt durch induktive Wegmeßsysteme
erfasst und in entsprechende Brückenquerspannungen ΔU_{x^*} und ΔU_{y^*}
umgesetzt (Bild 3-03). Diese Spannungen werden verstärkt und addiert.

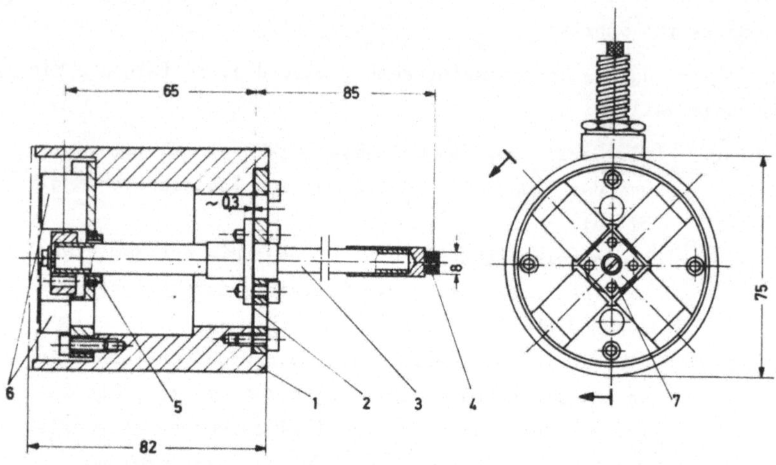

Bild 3-02: Konstruktiver Aufbau des Fühlers

Da die Brücken mit Wechselspannungen, die um $\pi/2$ gegeneinander phasenverschoben sind, gespeist werden, erhält man die geometrische Addition

$$\underline{U}_F = \Delta\underline{U}_{x*} + \Delta\underline{U}_{y*} \qquad \text{wobei} \quad \left|\underline{U}_F\right| = \sqrt{\left|\Delta\underline{U}_{x*}\right|^2 + \left|\Delta\underline{U}_{y*}\right|^2} \qquad (33,33a)$$

Da die auftretenden Änderungen sehr klein sind, kann man Proportionalität zwischen den Auslenkungen in den beiden Richtungen und den zugeordneten Brückenquerspannungen unterstellen. Die vorliegende Schaltung liefert eine Ausgangsspannung $U_F \sim - \left|\underline{U}_F\right|$, so daß, in normierter Form, die folgende Beziehung zu erwarten ist:

$$\frac{-U_F}{U_{max}} = \frac{s}{s_{max}} \qquad \text{wobei} \qquad s_{max} = \frac{U_{max}}{k_F} \qquad (34,34a)$$

Dabei ist s der Betrag der Auslenkung der Tasterspitze (kurz "Tasterauslenkung"), s_{max} diejenige Auslenkung, bei welcher $-U_F = U_{max}$ ist, und k_F die Fühlerverstärkung. Die gemessenen Kennlinien (**Bild 3-04**) verlaufen praktisch linear und bestätigen damit die obige Vermutung. Die Zahlenwerte sind:

Bezugsgröße der Spannung $\qquad U_{max} = 10\ V$

Einstellbereich der Fühlerverstärkung

$$k_F = k_{Fmin} \ldots k_{Fmax} = 0,057 \ldots 0,25\ V/\mu m$$

Entsprechende Auslenkungen, bei denen $\quad -U_F = U_{max}$ ist:

$$s_{max} = 175 \ldots 40\ \mu m$$

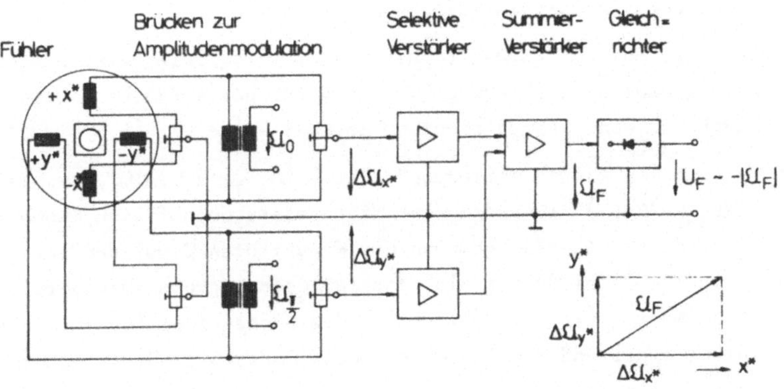

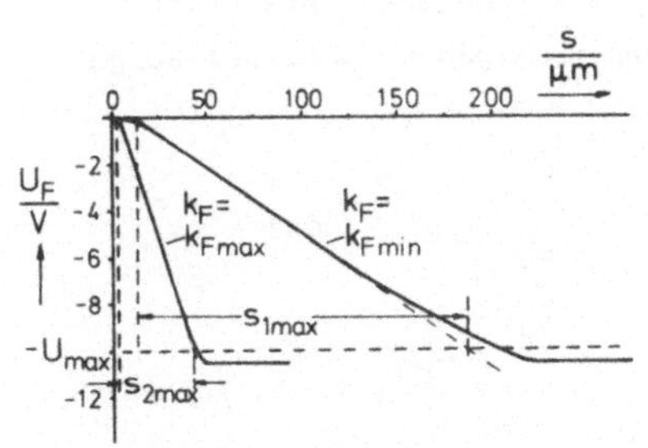

Bild 3-03: Elektr. Schaltung zur Gewinnung eines Signals für den Betrag der Tasterauslenkung

Bild 3-04: Kennlinie des Nachformfühlers

3.2.2 <u>Regeleinrichtung</u>

Die im Rahmen dieser Arbeit entwickelte Regeleinrichtung wurde mit Hilfe integrierter Operationsverstärker entsprechend einer Analogrechnerschaltung aufgebaut (<u>Bild 3-05</u>). An Hilfseinrichtungen beinhaltet die Schaltung:

Einrichtung "Anfahren": Der Integrierer wird erst dann wirksam (Verbindung r - R geschlossen), wenn die Schablone berührt wird, d.h. wenn s eine bestimmte Schwelle überschreitet (Komparator K1, mit Hystereseverhalten).

Einrichtung "Umlaufsinn": Durch Invertierung bzw. Nichtinvertierung des Fühlersignals und des Sollwerts der Fühlerauslenkung wird erreicht, daß die sin-cos-Funktionen in positivem oder negativem Sinn durchlaufen werden. Man kann somit einen Umlauf entgegen oder im Uhrzeigersinn wählen.

Einrichtung "Anfahrrichtung": Über die am Integrierer einstellbare Anfangsbedingung (Eingang "A") kann für das Anfahren an die Schablone eine Vorzugsrichtung gewählt werden.

Einrichtung "Bereichserweiterung": Bei $(\alpha_{soll}/2\pi)<0$ bzw. bei $(\alpha_{soll}/2\pi)>1$ werden über die hysteresebehafteten Komparatoren K2 und K3 die Ladungen der Kapazitäten C auf den Integrierer entladen. Dabei ändert sich dessen Ausgangsgröße sprungartig um einen Wert $(\alpha_{soll}/2\pi) = 1$ im Sinne einer Rückstellung des Integrierers und damit auch der Funktionsgeber. Der Vorgang spielt sich in so kurzer Zeit ab, daß die nachgeschalteten Vorschubantriebe davon nicht beeinflußt werden. Mit dieser Hilfseinrichtung ist es möglich, trotz der gegebenen Bereichsbeschränkung von Integrierer und Funktionsgebern über beliebige Winkel nachzuformen.

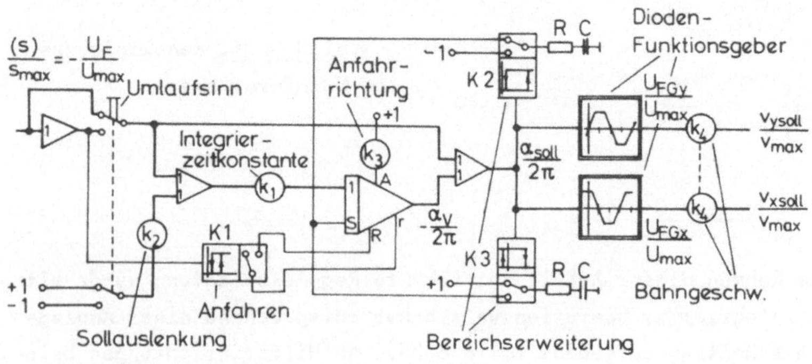

Bild 3-05: Schaltung der Regeleinrichtung

Die Funktionsgeber sind aus Elementen, deren Prinzipschaltung
Bild 3-06 zeigt, zusammengesetzt (Diodenfunktionsgeber). Sie
nähern die sin-cos-Funktionen in der in Bild 2-27, Mitte, gezeigten Art an.

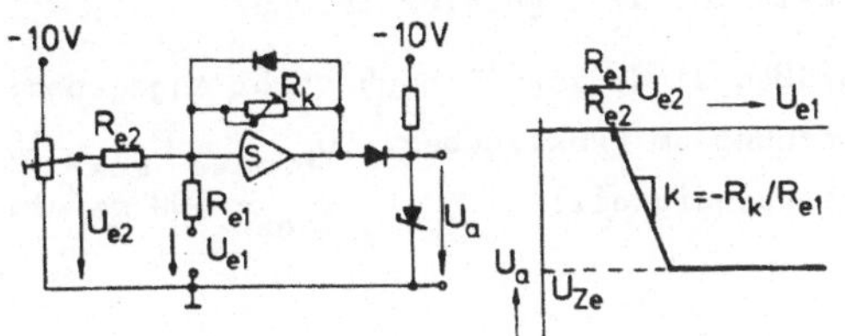

Bild 3-06:
Prinzipschaltung
und Kennlinie
eines Elementes der
Diodenfunktionsgeber

Das Verhalten der Regeleinrichtung wird durch die folgenden Gleichungen beschrieben:

$$\frac{v_{xsoll}}{v_{max}} = k_4 \frac{U_{FGx}}{U_{max}} = k_4\ k_{FG}\ \frac{\alpha_{soll}}{2\pi} \tag{35}$$

$$\text{wobei} \quad k_4 = \frac{v_{BO}}{v_{max}} \tag{35a}$$

$$\text{und} \quad k_{FG} = \begin{cases} +\ 5{,}65 \\ 0 \\ -\ 5{,}65 \end{cases} \begin{array}{l} \text{je nach Bereich} \\ \text{(vgl. Bild 2-27)} \end{array}\ ^{*)} \tag{35b}$$

Die Gleichungen für v_{ysoll}/v_{max} lauten entsprechend.
Weiter gilt:

$$\frac{\alpha_{soll}}{2\pi} = k_3\ \overset{+}{(-)} \left\{ \frac{(s)}{s_{max}} + \frac{k_1}{T_{RO}} \int_0^t \left[\frac{(s)}{s_{max}} - k_2 \right] dt \right\}\ ^{**)} \tag{36}$$

$$\text{Mit} \quad k_1 = \frac{T_{RO}}{T_R} \quad,\ \text{wobei}\ T_{RO} = 10\ \text{ms}\ , \tag{36a}$$

$$k_2 = \frac{s_{soll}}{s_{max}} \tag{36b}$$

$$\text{und} \quad k_3 = \frac{\alpha_{VO}}{2\pi} \tag{36c}$$

erhält man:

---

*) Bei exakter sin-cos-Nachbildung ist $-2\pi \lesseqgtr k_{FG} \lesseqgtr +2\pi$.

**) Mit $(s)/s_{max}$ ist das Signal der Tasterauslenkung gemeint. Diese
Unterscheidung wird wegen der Zeitverzögerung gegenüber der wirk-
lichen Tasterauslenkung s/s_{max} notwendig.

$$\frac{\alpha_{soll}}{2\pi} = \frac{\alpha_{V0}}{2\pi} \; \overset{+}{(-)} \left[\frac{(s)}{s_{max}} + \frac{1}{T_R} \int_0^t \frac{(s) - s_{soll}}{s_{max}} \; dt \right] \qquad (37)$$

Dabei ist α_{V0} die Anfahrrichtung und T_R die Nachstellzeitkonstante der Regeleinrichtung.

Die Zahlenwerte der Bezugsgrößen sind, soweit noch nicht angegeben:

Max. Ausgangsspannung am Funkt.geber: $U_{FGmax} = U_{max} = 10$ V

Max. Vorschubgeschwindigkeit: $v_{max} = 500$ mm/min

3.2.3 Vorschubantriebe

Aus den vorhandenen Bauelementen - hydraulischer Axialkolbenmotor, elektrohydraulisches Servoventil, Dämpfungsdrossel und Tachogenerator - wurde die in Bild 3-07 gezeigte Antriebseinheit zusammengebaut.

Bild 3-07: Vorschubantrieb

Bild 3-08 zeigt den Aufbau der Geschwindigkeitsregelkreise. Die vom jeweiligen Funktionsgeber kommende Sollspannung wird am Regelverstärker mit der Tachogeneratorspannung verglichen. Der Regelverstärker steuert über ein RC-Korrekturnetzwerk den Servoverstärker und damit das Servoventil.

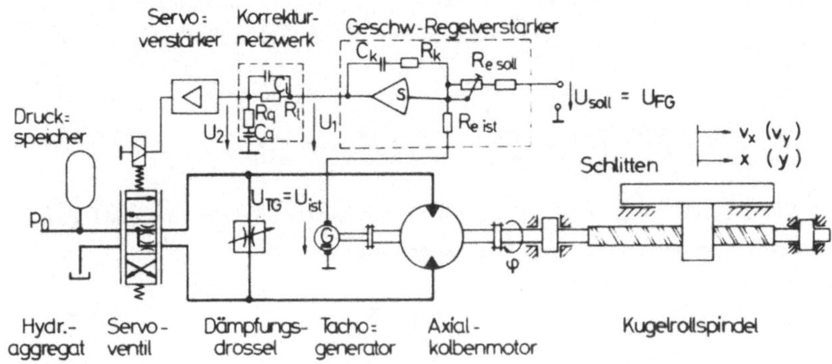

Bild 3-08: Aufbau des Vorschub-Geschwindigkeitsregelkreises

Einige charakteristische Daten:

Hydraulikaggregat:

Netzdruck $\qquad p_0 = 700\ N/cm^2$

Axialkolbenmotor:

Schluckvolumen $\qquad C_M = 5{,}1\ cm^3/rad$

Differenzdruck am unbelasteten Motor $\qquad p_{MO} = 150\ N/cm^2$

Servoventil:

Max. Durchfluß (Netzdruck p_0 liegt am Ventil

an, $I = I_N$, $p_M = 0$) $\qquad q_{max} = 300\ cm^3/s$

Elektr. Nennstrom (volle Aussteuerung) $\qquad I_N = 10\ mA$

Elektr. Nennleistung $\qquad P_N = 50\ mW$

Tachogenerator (am Vorschubmotor):

Verstärkungsfaktor $\qquad k_{TG} = 0{,}15\ \dfrac{V}{U/min}$

Kugelrollspindel:

Steigung $\qquad h = 10\ mm/U$

Regelverstärker (PI-Beschaltung):

Widerstand im Sollwerteingang $\qquad R_{esoll} = 52\ k\Omega$

Widerstand im Istwerteingang $\qquad R_{eist} = 39\ k\Omega$

Aus der Durchflußgleichung des Servoventils

$$\frac{q}{q_{max}} = \frac{I}{I_N}\sqrt{1 - \frac{p_M}{p_0}} \tag{38}$$

errechnet sich die maximal mögliche Tischgeschwindigkeit bei voll
ausgesteuertem Servoventil (Belastung durch Schlitten vernachlässigt):

$$v_{mm} = h \frac{q_{max}}{2\pi C_M} \sqrt{1 - \frac{p_{MO}}{p_O}} = 8{,}3 \frac{cm}{s} = 5 \frac{m}{min} \qquad (39)$$

Bei Nachformbetrieb ergibt sich die maximale Vorschubgeschwindigkeit aus der maximalen Sollwertspannung:

$$v_{max} = \frac{h}{k_{TG}} \frac{R_{eist}}{R_{esoll}} U_{max} = 500 \frac{mm}{min} \qquad (40)$$

Wegen der PI-Beschaltung des Reglers ist im stationären Zustand
keine Regelabweichung vorhanden, es kann deshalb als Kennlinie des
gesamten Antriebs, d.h. des Geschwindigkeitsregelkreises angegeben
werden:

$$\frac{v_M}{v_{max}} = -\frac{v_{soll}}{v_{max}} = \frac{U_{TG}}{U_{TGmax}} = -\frac{U_{soll}}{U_{max}} \qquad (41)$$

Durch Messung (<u>Bild 3-09</u>) wurde die Linearität der Beziehung bestätigt. Die Zahlenwerte der Bezugsgrößen sind, soweit noch nicht angegeben:

Max. Sollspannung $\qquad U_{soll,max} = U_{FGmax} = U_{max} = 10$ V
Tachospannung bei $\quad v = v_{max} \qquad\qquad U_{TGmax} = 7{,}5$ V

Die Linearität der statischen Kennlinie des Geschwindigkeitsregelkreises wird durch den verwendeten PI-Regler erzwungen. Sie darf nicht
darüber hinwegtäuschen, daß Servoventil und Hydromotor, also die
Regelstrecke, eine stark nichtlineare Charakteristik aufweisen. Wie
das in <u>Bild 3-10</u> dargestellte Meßergebnis zeigt, ist eine deutliche
Unempfindlichkeit um den Nullpunkt und eine Hysterese vorhanden. Die
Ursache dieses nichtlinearen Verhaltens ist vor allem im Zusammenwirken der endlichen Kraftverstärkung des Servoventil-Motor-Systems (bedingt durch die negative Überdeckung der Steuerkanten im Ventil und
durch Lecköylverluste) mit der vorhandenen Reibung zu suchen [30,49] .

Anm.: Wenn nichts anderes vermerkt, sind die gezeigten Meßergeb-
      nisse diejenigen der X-Achse.

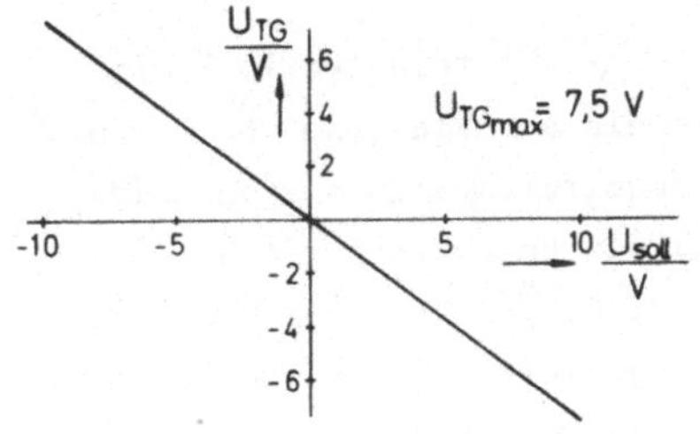

Bild 3-09: Kennlinie des Geschwindigkeitsregelkreises

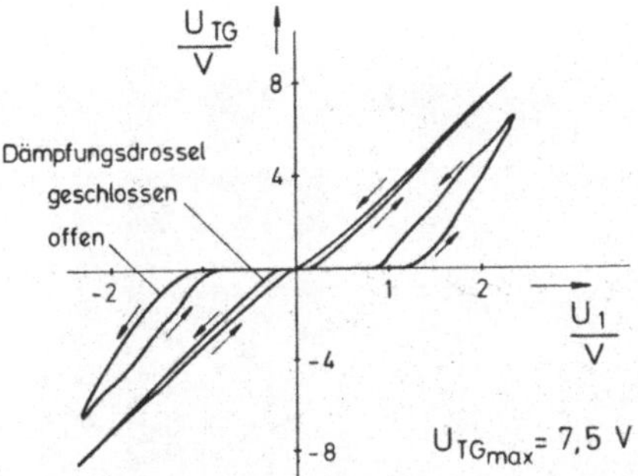

Bild 3-10: Kennlinie der Regelstrecke des Geschwindigkeitsregelkreises

Es zeigt sich auch, daß die Einflüsse der Nichtlinearitäten umso
stärker in Erscheinung treten, je weiter die Dämpfungsdrossel, die
den Lecköланteil künstlich vergrößert, geöffnet ist. Von daher gesehen, ist diese Art der Dämpfung als ungünstig zu bewerten. Die
folgenden Untersuchungen wurden deshalb mit geschlossener Dämpfungsdrossel gefahren. Auf der anderen Seite muß damit jedoch die Möglichkeit in Kauf genommen werden, daß die Dämpfung des hydraulischen Motors gering ist und damit im Geschwindigkeitsregelkreis ein unge-
nügender Wert der Kreisverstärkung verwirklicht werden kann. Es müssen deshalb andere Methoden zur Dämpfung, d.h. zur Reduzierung der
Amplitudenüberhöhung im Bereich der Antriebseigenfrequenz in Erwä-
gung gezogen werden. Um dies zu erreichen, erwies sich das in Bild 3-08
gezeigte elektrische Korrekturnetzwerk als ein geeignetes Mittel.

3.2.4 Mechanisches Übertragungssystem

Als Versuchseinrichtung stand ein x/y-Koordinatentisch mit
Gleitführungen und Kugelrollspindeln der Steigung h = 10 mm/U
zur Verfügung (Bild 3-11). Die Kugelrollspindeln sind beid-
seitig gelagert und vorgespannt. Als charakteristische Kennlinie
wurde der Schlittenweg über der Winkelstellung der Kugelrollspindel am antriebsseitigen Ende gemessen. Es zeigte sich ein
Hystereseverhalten, wobei als Umkehrspanne

$$2 \, x_U = 25 \, \mu m$$

gemessen wurde (Bild 3-12).

Bild 3-11: Versuchseinrichtung

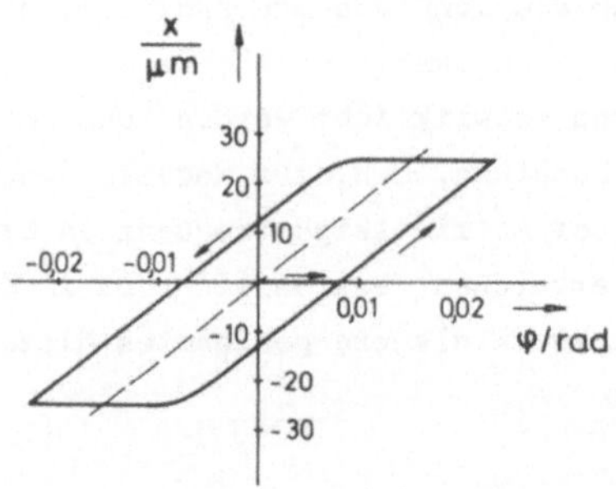

Bild 3-12: Kennlinie des
Spindel-Schlitten-Systems

Diese Hysterese bzw. Umkehrspanne ergibt sich aus dem Zusammenwirken der Reibkraft des Schlittens (angenähert Coulomb-Reibung) und
der endlichen Steifigkeit der Kugelrollspindel, des Axiallagers
und der Spindelmutter [51] .

3.2.5 Zusammenfassung der Ergebnisse

Es zeigte sich, daß außer den gewollten und systembedingten Nichtlinearitäten "Betragsbildung" und "sin-cos-Funktionen" auch mit solchen nichtlinearen Eigenschaften zu rechnen ist, die sich aus den
Elementen des Regelkreises anhaftenden Mängeln ergeben. So hat das
mechanische Übertragungssystem ein ausgeprägtes Hystereseverhalten.
Auch der Vorschubantrieb (bzw. der Geschwindigkeitsregelkreis) muß
als nichtlineares Glied bezeichnet werden, obwohl seine Kennlinie
(Bild 3-09) linear verläuft. Diese Linearität wird jedoch vom Regelverstärker des Geschwindigkeitsregelkreises erzwungen und gilt exakt
nur für den Fall einer Erregung mit der Frequenz $f = 0$. Bei Erre-
gungen mit $f > 0$ machen sich die im Regelkreis eingeschlossenen
Nichtlinearitäten (Bild 3-10) nach außen bemerkbar.

3.3 Zeitverhalten der Elemente und Geräte im Lageregelkreis

Nachdem in obigem Abschnitt die Kennlinien der Elemente und Geräte
im Lageregelkreis ermittelt worden waren, wird nun das Zeitverhalten untersucht. Zur Frequenzgangaufnahme stand ein automatisches
Frequenzgangmeßgerät zur Verfügung.

3.3.1 Anwendbarkeit der Frequenzgangmethode

Zur Beschreibung des Zeitverhaltens der Regelkreisglieder wird im
folgenden die Frequenzgangmethode benützt. Da diese Methode jedoch
nur für lineare bzw. linearisierte Systeme anwendbar ist, das vorliegende System jedoch, wie sich zeigte, Nichtlinearitäten aufweist,
ist zunächst eine Überlegung zur Anwendbarkeit der Methode im vorliegenden Fall angebracht.

Ein übliches Verfahren, nichtlineare Systeme der linearen Theorie
zugänglich zu machen, besteht darin, die Betrachtung auf einen be-

stimmten Arbeitspunkt und auf kleine Änderungen um diesen Arbeitspunkt einzuschränken und die Kennlinie des Systems durch die Tangente im Arbeitspunkt zu ersetzen, d.h. das System in diesem Arbeitspunkt zu linearisieren. Durch eine solche Linearisierung in einem durch eine bestimmte Tasterauslenkung und einen bestimmten Verfahrwinkel gegebenen Arbeitspunkt können, wie später in Kap. 3.5 gezeigt werden wird, die gewollten Nichtlinearitäten "Betragsbildung" und "sin-cos-Funktionen" aus der Betrachtung eliminiert werden.

Die zweite übliche Methode, nichtlineare Systeme der linearen Theorie zu erschließen, ist diejenige der Beschreibungsfunktion.
Sie beruht darauf, daß man sich bei einem nichtlinearen Glied mit der Betrachtung der Grundschwingung am Ausgang begnügt und somit in der Lage ist, wie bei einem linearen Glied eine Übertragungsfunktion zu definieren. Im Kap. 3.7 wird diese Methode auf die nicht gewollten Nichtlinearitäten angewandt werden.

Die Anwendung beider Methoden ist mit gewissen Einschränkungen verbunden, so kann z.B. die letztgenannte Methode i.a. nur bei Systemen mit nur einer Nichtlinearität angewandt werden. Man wird deshalb zunächst überlegen, ob für die Lageregelung nicht ein Arbeitsbereich oder -zustand genannt werden kann, in welchem das System mit guter Berechtigung als lineares betrachtet werden kann und damit die lineare Theorie ohne Einschränkung einsetzbar ist. Diesen Zustand findet man, wenn man folgendermaßen unterscheidet:

a) Das System bewegt sich um den Geschwindigkeitsnullpunkt.
b) Das System bewegt sich außerhalb des Geschwindigkeitsnullpunkts ohne Richtungsumkehr.

In ersterem Fall machen sich die vorhandenen Nichtlinearitäten wie Coulomb-Reibung, Totbereich und Hysterese stark bemerkbar und können nicht vernachlässigt werden; das Verhalten ist sehr stark amplitudenabhängig. Eine Linearisierung im Nullpunkt ist wegen des Vorhandenseins von sich sprunghaft ändernden nichtlinearen Grössen nicht erlaubt. Sofern die Betrachtung auf eine der Nichtlinearitäten beschränkt werden würde, könnte dagegen mit der Beschreibungsfunktion gearbeitet werden, müßte jedoch den zusätzlichen Parameter "Signalamplitude" als Einschränkung in Kauf nehmen.

Eine Linearisierung in Arbeitspunkten außerhalb des Nullpunktes ist gestattet, wobei sich nun, wie die Erfahrung zeigt, keine we-

sentlichen arbeitspunktabhängigen Unterschiede im Systemverhalten
mehr ergeben. Das System kann in diesem mit b) bezeichneten Zustand
angenähert als linear bezeichnet werden.

Unter diesen Gesichtspunkten wird so vorgegangen, daß das Zeitverhalten zunächst für den Fall b) betrachtet wird - auch im Hinblick
auf Stabilität und günstige Parameterwahl - und daß anschließend
die aus der linearen Theorie gefundenen Ergebnisse für den Fall a)
geprüft werden.

3.3.2 Fühler

Zur Messung des Fühlerfrequenzgangs wurde die Tasterspitze mit Hilfe
eines mechanischen Funktionsgebers mit

$$s = s_0 + \hat{s} \sin \omega t \tag{42}$$

erregt, wobei $\hat{s} < s_0$ war. Diese Schwingung wurde einmal mit derjenigen des Ankers verglichen (Frequenzgang des mechanischen Teils)
und dann mit der Ausgangsspannung U_F (Frequenzgang des gesamten
Fühlers). Die erste Messung erbrachte einen Frequenzgang, der sehr
gut mit demjenigen eines Verzögerungsglieds 2. Ordnung übereinstimm-
te. Als Kennfrequenz wurde ein Wert von $f_0 = 480$ Hz daraus entnommen. Die dadurch bedingte Zeitverzögerung kann gegenüber den anderen
vernachlässigt werden.

Der gemessene Frequenzgang $\mathfrak{F}_F$ des Fühlers ist in __Bild 3-17__ eingetragen. In dem Bereich bis etwa $f = 30$ Hz ist eine gute Annäherung
möglich mit

$$\mathfrak{F}_F' = \frac{-U_F/U_{max}}{s/s_{max}} = \frac{(s)/s_{max}}{s/s_{max}} = \frac{1}{1 + pT_F} \tag{43} \quad ^{*)}$$

wobei $T_F = 5{,}3$ ms bzw. Eckfrequenz $f_{0F} = 30$ Hz.

Diese Zeitverzögerung wird durch Energiespeicher in der elektrischen
Schaltung verursacht.

---

*) Auf eine Kennzeichnung der Eingangs- und Ausgangsgrößen als Zei-
gergrößen mittels Frakturbuchstaben wird verzichtet, da aus der
Gleichung ersichtlich ist, daß es sich um solche handelt.

3.3.3 Regeleinrichtung

Das Zeitverhalten war bereits mit den Gleichungen (35) und (37)
beschrieben worden. Unter der Voraussetzung, daß s_{soll}= const
und α_{VO}= const sind, kann daraus zunächst für den Regler der
folgende Frequenzgang abgeleitet werden:

$$\mathfrak{F}_R = \frac{\alpha_{soll}/2\pi}{(s)/s_{max}} = {\textstyle\binom{+}{(-)}} \left(1 + \frac{1}{pT_R} \right) \tag{44}$$

Die Funktionsgeber arbeiten verzögerungsfrei, und ihr Frequenzgang kann angegeben werden mit:

$$\mathfrak{F}_{FG} = \frac{v_{soll}/v_{max}}{\alpha_{soll}/2\pi} = k_4 k_{FG} \quad \text{wobei} \quad k_{FG}=\begin{cases} +5,65 & \text{je nach} \\ 0 & \text{Bereich} \\ -5,65 & \text{(vgl.Bild 2-27)} \end{cases} \tag{45}$$

3.3.4 Vorschubantrieb

Der gemessene Frequenzgang $\mathfrak{F}_A$ des Antriebs, d.h. des geschlossenen
Geschwindigkeitsregelkreises, ist in <u>Bild 3-17</u> eingetragen. Er wird
angenähert durch:

$$\mathfrak{F}_A' = \frac{-v_M/v_{max}}{v_{soll}/v_{max}} = \frac{1}{1 + pT_A} \tag{46}$$

wobei T_A= 13,5 ms bzw. die Eckfrequenz f_{OA}= 12 Hz sind.

Die Einstellung der Geschwindigkeitsregelkreise, die zu diesem
Frequenzgang führt, ist im Anhang behandelt.

3.3.5 Mechanisches Übertragungssystem

Die Umsetzung der Motorgeschwindigkeit in eine Schlittenposition
wird beschrieben durch den Frequenzgang

$$\mathfrak{F} = \frac{x/s_{max}}{v_M/v_{max}} = \frac{1}{pT_I} \frac{v/v_{max}}{v_M/v_{max}} = \frac{1}{pT_I} \mathfrak{F}_m = \mathfrak{F}_I \mathfrak{F}_m \tag{47}$$

wobei $T_I = s_{max}/v_{max}$ ist. $\tag{47a}$

Dieser Frequenzgang setzt sich also aus einem Teil, der die Integration beschreibt, und einem Teil, der das dynamische Verhalten des Spindel-Schlitten-Systems beschreibt, zusammen. Da der Antrieb als Erregersystem bei den höheren Frequenzen keine Wegamplitude mehr aufbringen konnte, die deutlich größer als die Umkehrspanne gewesen wäre, wurde der Frequenzgang $\mathfrak{J}_m$ wieder ohne Richtungsumkehr, d.h. mit driftendem Schlitten aufgenommen. (Diese Methode ist auch wegen der Beanspruchung der Führungen angezeigt). Wegen der meßtechnischen Schwierigkeit, die Geschwindigkeit der translatorischen Schlittenbewegung über einen größeren Wegbereich zu erfassen, wurde die Schlittenbeschleunigung a zur Ausgangsgröße des Systems erklärt und mit der Motorgeschwindigkeit v_M , gemessen als Tachogeneratorspannung U_{TG} , verglichen. Der sich ergebende Frequenzgang

$$\mathfrak{J}_m^* = \frac{a/a_{max}}{v_M/v_{max}} = p T_D \frac{v/v_{max}}{v_M/v_{max}} \tag{48}$$

wobei $\quad T_D = v_{max}/a_{max}$ $\tag{48a}$

wurde zur Ermittlung von $\mathfrak{J}_m$ mit $\mathfrak{J} = \dfrac{1}{p T_D}$ multipliziert.

Der so gewonnene Frequenzgang $\mathfrak{J}_m$ ist in __Bild 3-17__ enthalten. Er kann angenähert werden mit

$$\mathfrak{J}_m' = \frac{1}{1 + \dfrac{2\,D_m}{\omega_{0m}} p + \dfrac{1}{\omega_{0m}^2} p^2} \tag{49}$$

wobei $\omega_{0m} = 750 \ s^{-1}$ bzw. $f_{0m} = 120$ Hz

und $\quad D_m = 0{,}07$.

3.3.6 Zusammenfassung der Ergebnisse

Als wesentliche Zeitverzögerungen erweisen sich diejenigen von Fühler und Vorschubantrieb. Beide Elemente werden als Verzögerungsglieder 1. Ordnung angenähert (wobei jedoch in der weiteren Behandlung auch der Fall eines Antriebs mit Verzögerung 2. Ordnung Berücksichtigung findet). Die Regeleinrichtung hat Proportional-Integral-Verhalten; somit liegt eine Lageregelung vom Typ 2 vor (vgl. Kap. 2.5.2).

3.4   Zeitverhalten des Geschwindigkeitsregelkreises

s. ANHANG

3.5   Zeitverhalten der Lageregelung

3.5.1 Blockschaltbild

Bei Kenntnis des Zeitverhaltens der einzelnen Elemente kann nun das
Blockschaltbild der Lageregelung angegeben werden (Bild 3-13). Es
ist ersichtlich, daß die beiden Lageregelkreise in X und in Y nicht
nur Nichtlinearitäten erhalten (Betragsbildung und Trapezfunktionen),
sondern über die Betragsbildung auch miteinander verknüpft sind.
Man kann diese Lageregelung als Folgeregelung mit den Führungsgrös-
sen x_w und y_w betrachten oder aber als Festwertregelung mit dem Sollwert s_{soll} und den Störgrößen $\sigma_x = x_w$ und $\sigma_y = y_w$. Der Vorzug wird
hier der ersteren Betrachtungsweise gegeben.

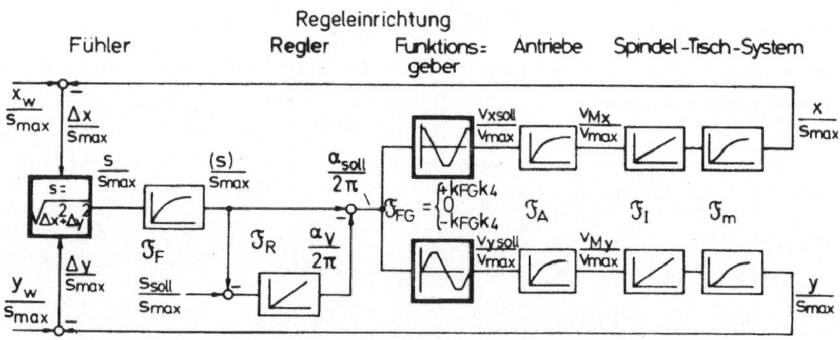

Bild 3-13: Blockschaltbild der Lageregelung

3.5.2 Aufspaltung in zwei lineare Lageregelkreise

Es erscheint sinnvoll, die gezeigte Lageregelung in bestimmten stationären Betriebszuständen zu betrachten. Ein solcher statio-
närer Zustand ist beschrieben durch

$$\alpha = \alpha_{soll} = \alpha_0 \quad \text{und} \quad s = s_{soll} = s_0 \tag{50a,b}$$

also durch eine bestimmte Verfahrrichtung und eine bestimmte Tasterauslenkung, so wie in __Bild 3-14__ skizziert. Damit sind weiter:

$$(\Delta x)_0 = s_0 \sin \alpha_0 \tag{51a}$$

$$(\Delta y)_0 = s_0 \cos \alpha_0 \tag{51b}$$

$$s_0 = \sqrt{(\Delta x)_0^2 + (\Delta y)_0^2} \tag{51c}$$

Die Nichtlinearitäten "Betragsbildung" und "sin-cos-Funktionen"
sind beschrieben durch die folgende Gleichungen. (Es wird an dieser Stelle wieder angenommen, daß die Funktionsgeber die sin-cos-
Funktionen exakt darstellen).

$$\frac{s}{s_{max}} = \sqrt{\left(\frac{\Delta x}{s_{max}}\right)^2 + \left(\frac{\Delta y}{s_{max}}\right)^2} \tag{52}$$

$$\frac{v_{xsoll}}{v_{max}} = k_4 \cos 2\pi \frac{\alpha_{soll}}{2\pi} \tag{53a}$$

$$\frac{v_{ysoll}}{v_{max}} = k_4 \sin 2\pi \frac{\alpha_{soll}}{2\pi} \tag{53b}$$

wobei $2\pi = k_{FGO}$ (Verstärkung der Funktionsgeber in den Null-
punkten).

Durch Linearisierung erhält man aus den Gl.en (52), (53a) u. (53b)
mit Gl. (51c) die folgende Formen, wobei der Index 1 die Abweichung
vom stationären Zustand kennzeichnet:

$$\frac{s_1}{s_{max}} = \frac{(\Delta x)_0}{s_0}\frac{(\Delta x)_1}{s_{max}} + \frac{(\Delta y)_0}{s_0}\frac{(\Delta y)_1}{s_{max}} = (\sin \alpha_0)\frac{(\Delta x)_1}{s_{max}} + (\cos \alpha_0)\frac{(\Delta y)_1}{s_{max}} \tag{54}$$

$$\frac{v_{xsoll\,1}}{v_{max}} = - (2\pi k_4 \sin \alpha_0) \frac{\alpha_{soll\,1}}{2\pi} \tag{55a}$$

$$\frac{v_{ysoll\,1}}{v_{max}} = (2\pi k_4 \cos \alpha_0) \frac{\alpha_{soll\,1}}{2\pi} \tag{55b}$$

Das linearisierte Blockschaltbild der Teilstrecke Fühler-Regelein-
richtung ist in __Bild 3-15__ dargestellt. Die Betragsbildung ist hierbei
in eine additive Verknüpfung aufgelöst, und die Nichtlinearitäten der
sin-cos-Funktionen sind durch einfache Proportionalglieder ersetzt.
Da für dieses linearisierte System der Überlagerungssatz Gültigkeit
erlangt, ist nun eine Trennung der Lageregelung in zwei Lageregelkreise für die X- und für die Y-Achse möglich.

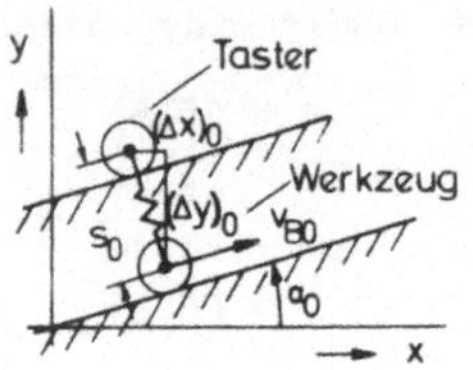

Bild 3-14: Beispiel eines stationären Zustands (keine Richtungs- und Geschwindigkeitsänderung)

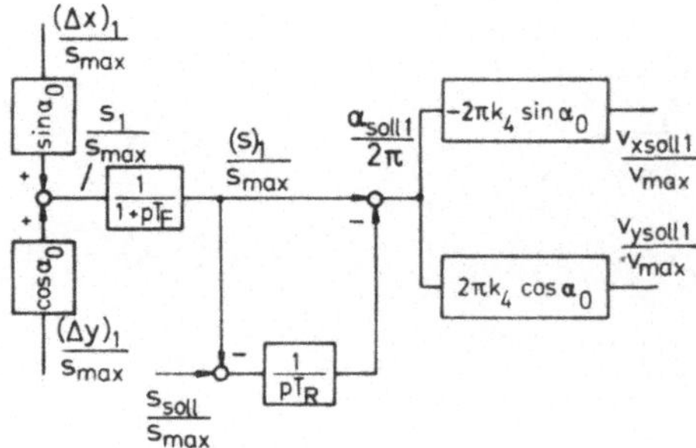

Bild 3-15: Blockschaltbild der linearisierten Strecke Fühler - Regeleinrichtung

Wurde durch die Linearisierung die Betrachtung auf bestimmte Arbeitspunkte eingeengt, so wird nun derjenige Arbeitspunkt gesucht, bei welchem die für die Stabilität der Regelkreise ungünstigsten Bedingungen gegeben sind. Aus der in Bild 3-15 dargestellten Struktur erkennt man, daß für Nachformwinkel $\alpha_0 = (n + 1/2)\pi$, wobei n eine ganze Zahl ist, im X-Regelkreis die maximale Verstärkung herrscht, dagegen für $\alpha_0 = n\pi$ im Y-Regelkreis. Man kommt also zu denjenigen Zuständen, in welchen in einer der Achsrichtungen   X oder   Y nachgeformt wird. Das Verhalten des zweiachsigen Systems ist hierbei auf dasjenige eines einachsigen reduziert, da in der einen Achse eine vom Fühler unbeeinflußte, konstante Vorschubgeschwindigkeit erfolgt (Arbeitspunkt befindet sich in einem der Scheitelpunkte der sin- oder cos-Funktion, Kreisverstärkung des Lageregelkreises dieser Achse gleich Null) und da in der anderen Achse die Vorschubgeschwindigkeit fühlerabhängig ist (Arbeitspunkt in einem der Nullpunkte der cos- oder sin-Funktion, maximale Kreisverstärkung im Lageregelkreis dieser Achse).

Unter Einschränkung auf diese ausgezeichneten Zustände kann somit
das in Bild 3-13 gezeigte Blockschaltbild der Lageregelung wesent-
lich reduziert werden, da jeweils nur einer der beiden Lageregelkreise wirksam ist. Das in <u>Bild 3-16</u> dargestellte Blockschaltbild
gilt für den Fall, daß in der Richtung der Y-Achse nachgeformt
wird. Entsprechend würde das Blockschaltbild, das für den Fall
des Nachformens in der X-Achse gültig wäre, anstatt der x-Grössen
y-Grössen enthalten.

Bei diesem Blockschaltbild und auch bei den nachfolgenden Betrachtungen wird auf den Index 1, der die Abweichung von einem stationären Zustand anzeigte, wieder verzichtet.

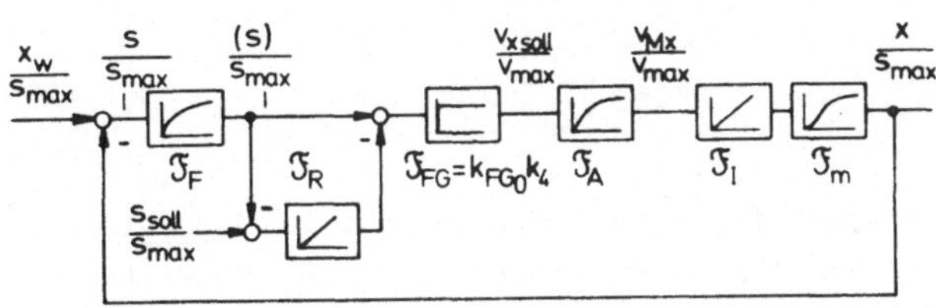

<u>Bild 3-16</u>: Blockschaltbild der Lageregelung, gül-
tig für den Fall des Nachformens in ei-
ner der Achsen (hier in der Y-Achse)

3.5.3 <u>Frequenzgang des offenen Lageregelkreises</u>

Der Frequenzgang des offenen Lageregelkreises (Antrieb als Verzögerungsglied 1. Ordnung) läßt sich nun aus den Einzelfrequenzgängen des
Fühlers, der Regeleinrichtung, des Funktionsgebers, des Vorschubantriebs und des Spindel-Schlitten-Systems angeben mit:

$$\mathfrak{J}_0 = -\mathfrak{J}_F' \, \mathfrak{J}_R \, \mathfrak{J}_{FG} \, \mathfrak{J}_A' \, \mathfrak{J}_I \, \mathfrak{J}_m'$$

$$= -\frac{k_v}{p}\left(1 + \frac{1}{pT_R}\right)\frac{1}{1+pT_F}\frac{1}{1+pT_A}\frac{1}{1+\frac{2D_m}{\omega_{0m}}p+\frac{1}{\omega_{0m}^2}p^2} \tag{56}$$

wobei

k_v - Geschwindigkeitsverstärkung

T_R - Reglerzeitkonstante (Nachstellzeit)

T_F - Verzögerungszeitkonstante des Fühlers

T_A - Verzögerungszeitkonstante des Antriebs

ω_{Om}, D_m - Kennkreisfrequenz und Dämpfungsgrad des Spindel-Schlitten-Systems

p - Abkürzung für $j\omega$

Die Geschwindigkeitsverstärkung setzt sich zusammen aus

$$k_v = \frac{k_4 \, k_{FGO}}{T_I} \tag{56a}$$

Mit Gl.en (35a) und (47a) ergibt sich weiter:

$$k_v = k_{FGO} \, \frac{v_{BO}}{s_{max}} \tag{56b}$$

Dieser Frequenzgang des offenen Kreises ist in __Bild 3-17__ samt den Teilfrequenzgängen der Regeleinrichtung und der Regelstrecke gezeichnet. Für die Frequenzgänge des Fühlers, Antriebs und Spindel-Schlitten-Systems sind sowohl die Meßergebnisse als auch ihre Annäherungen angegeben. Die Frequenzgänge des Reglers und des Integralglieds ergeben sich mit diesen Zahlenwerten bei Anwendung des später behandelten ITAE-Optimierkriteriums für Lageregelkreise vom Typ 2.

Bemerkenswert an Gl. (56b) ist, daß die Bahngeschwindigkeit und die maximale Tasterauslenkung (als Kennwert für die Fühlerempfindlichkeit) in die Geschwindigkeitsverstärkung eingehen. Man kann von vornherein sagen, daß diese aus Gründen der Stabilität einen maximalen Wert nicht überschreiten darf, innerhalb dieses Wertes können dann die Bahngeschwindigkeit und die Fühlerempfindlichkeit wechselweise variiert werden. Will man also erreichen, daß immer mit einem bestimmten Wert der Geschwindigkeitsverstärkung gefahren wird, so müssen die Einstellungen für die Bahngeschwindigkeit und für die Fühlerempfindlichkeit entsprechend miteinander gekoppelt sein. Es zeigt sich hier in sehr anschaulicher Weise der Dualismus von Bearbeitungsgeschwindigkeit und Genauigkeit.

Bei exakter sin-cos-Nachbildung der Funktionsgeber ist
$k_{FGO} = 2\pi \approx 6{,}3$, bei der gewählten Trapezform dagegen 5,65. Hier
erweist sich ein Vorteil der trapezförmigen Annäherung: Bei festliegendem k_v kann die Bahngeschwindigkeit um etwa 11% größer gewählt werden, oder aber die max. Tasterauslenkung entsprechend
kleiner als bei der exakten sin-cos-Nachbildung.

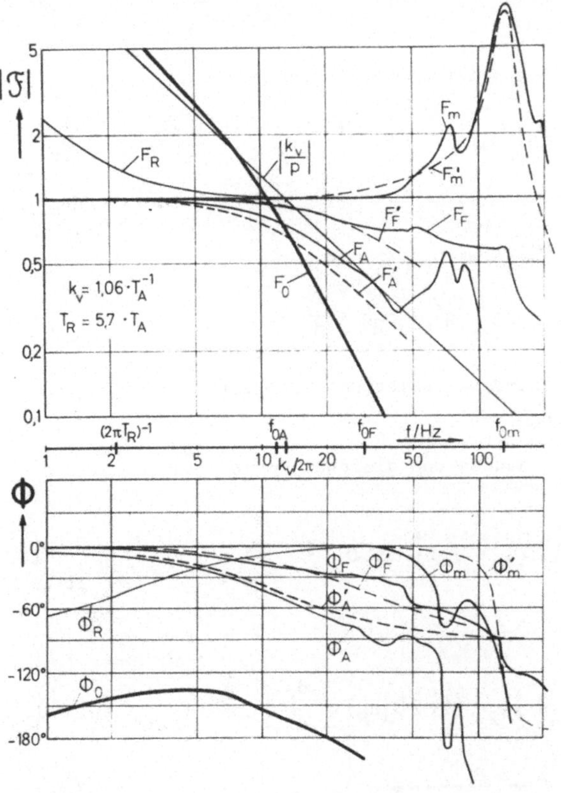

Bild 3-17:

Frequenzgang
des offenen
Lageregelkreises
und Teil-
frequenzgänge

3.5.4 Stabilität des Lageregelkreises

Um eine Aussage über den möglichen Einstellbereich der wählbaren
Parameter k_v und T_R machen zu können, wird zunächst eine Stabilitätsbetrachtung durchgeführt. Bei Vernachlässigung des Frequenzgangs
des Spindel-Schlitten-Systems ergibt sich aus Gl. (56) die charak-

teristische Gleichung des Lageregelkreises (Antrieb zunächst als Verzögerungsglieds 2. Ordnung mit den Parametern ω_{OA} und D_A angenommen) mit

$$p^5 \frac{T_R T_F T_{2A}^2}{k_v} + p^4 \frac{T_R}{k_v}(T_{2A}^2 + T_{1A}T_F) + p^3 \frac{T_R}{k_v}(T_{1A} + T_F) + p^2 \frac{T_R}{k_v} + pT_R + 1 = 0 \qquad (57)$$

$$\text{wobei} \quad T_{1A} = \frac{2\,D_A}{\omega_{OA}} \qquad \text{und} \qquad T_{2A} = \frac{1}{\omega_{OA}} \qquad (57a,b)$$

Durch Bezugnahme auf die Antriebskennkreisfrequenz mit

$$g_2 = \frac{k_v}{\omega_{OA}} \quad ; \quad d_2 = T_R\,\omega_{OA} \quad ; \quad d_F = T_F\,\omega_{OA} \quad ; \quad 2D_A = T_{1A}\,\omega_{OA}$$

$$\text{und} \qquad q = \frac{p}{\omega_{OA}} \qquad (58a\ldots e)$$

erhält man die einfachere Form

$$d_F q^5 + (1+2D_A d_F)q^4 + (2D_A + d_F)q^3 + q^2 + g_2 q + \frac{g_2}{d_2} = 0 \qquad (59)$$

Mit Hilfe des Hurwitz-Kriteriums errechnen sich daraus die folgenden Stabilitätsbedingungen:

a) Alle Koeffizienten vorhanden und gleiches Vorzeichen
b) Aus $\text{Det}_2 \geqq 0$:

$$\text{Det}_2 = 2\,D_A \left[1 + d_F(2D_A + d_F) \right] \geqq 0 \qquad (60)$$

c) Aus $\text{Det}_3 \geqq 0$:

$$\text{Det}_3 = \text{Det}_2 - (1+2D_A d_F)g_2 \left[(1+2D_A d_F) - \frac{d_F}{d_2} \right] \geqq 0 \qquad (61)$$

$$g_2 \leqq \frac{d_2\,\text{Det}_2}{(1+2D_A d_F)\left[(1+2D_A d_F)d_2 - d_F\right]} \qquad (62)$$

$$\text{Asymptoten:} \qquad d_{20} = \frac{d_F}{1 + 2D_A d_F} \qquad (62a)$$

$$g_{20} = \frac{\text{Det}_2}{(1 + 2D_A d_F)^2} \qquad (62b)$$

d) Aus $Det_4 \gtreqqless 0$:

$$Det_4 = g_2\left\{Det_3 - \frac{1+2D_Ad_F}{d_2}\left[(2D_A+d_F)^2-g_2d_F\right] + \frac{d_F}{d_2}\left[(2D_A+d_F) - g_2\frac{d_F}{d_2}\right]\right\} \gtreqqless 0 \qquad (63)$$

$$g_2 \lesseqqgtr d_2 \frac{Det_2\left[d_2 - (2D_A+d_F)\right]}{\left[(1+2D_Ad_F)d_2 - d_F\right]^2} \qquad (64)$$

Die Asymptoten lauten wie oben.

Wenn der Antrieb als Verzögerungsglied 1. Ordnung angenommen wird
mit

$$\mathfrak{J}_A = \frac{1}{1 + pT_A} \qquad (65)$$

so erhält man mit den Bezugnahmen

$$g_1 = k_vT_A \quad ; \quad d_1 = T_R/T_A \quad ; \quad d_F = T_F/T_A$$

$$\text{und} \qquad q = p\,T_A \qquad (66a...d)$$

die folgende charakteristische Gleichung:

$$d_Fq^4 + (1 + d_F)q^3 + q^2 + g_1q + \frac{g_1}{d_1} = 0 \qquad (67)$$

Die Stabilitätsbedingungen sind hier:

a) wie oben

b) Aus $Det_2 \gtreqqless 0$:

$$Det_2 = 1 + d_F(1 - g_1) \gtreqqless 0 \qquad (68)$$

$$g_1 \lesseqqgtr (1 + d_F)/d_F \qquad (69)$$

c) Aus $Det_3 \gtreqqless 0$:

$$Det_3 = g_1\left[Det_2 - \frac{(1+d_F)^2}{d_1}\right] \gtreqqless 0 \qquad (70)$$

$$g_1 \lesseqqgtr \frac{1+d_F}{d_F}\,\frac{d_1 - (1+d_F)}{d_1} \qquad (71)$$

$$\text{Asymptoten:} \qquad d_{10} = 0 \qquad \text{und} \qquad g_{10} = \frac{1+d_F}{d_F} \qquad (71a,b)$$

Die Stabilitätsgrenze $d_{1gr} = f(g_1)$ ist für den hier gegebenen Zahlenwert $d_F = 0,39$ in <u>Bild 3-18</u> eingezeichnet.

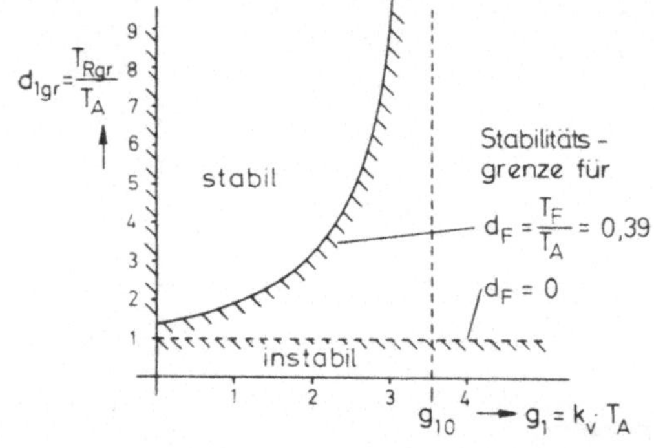

Bild 3-18:

Stabilitätsgrenze
des Lageregelkreises

Für $d_F = 0$ (keine Zeitverzögerung im Fühler) reduziert sich die Stabilitätsbedingung bei einem Antrieb mit Verzögerung 2. Ordnung auf

$$g_2 \leqq 2D_A \left(1 - \frac{2D_A}{d_2}\right) \tag{72}$$

Bei einem Antrieb mit Zeitverzögerung 1. Ordnung gilt in diesem Fall
einfach

$$d_1 \leqq 1 \tag{73}$$

3.5.5 <u>Frequenzgang des geschlossenen Lageregelkreises</u>

Aus dem Frequenzgang des offenen Lageregelkreises, Gl. (56) ergibt
sich bei Vernachlässigung der Zeitverzögerung des Spindel-Schlitten-
Systems der folgende Führungsfrequenzgang:

$$\mathfrak{F}_w = \frac{1 + p\,T_R}{1 + pT_R + p^2\dfrac{T_R}{k_v} + p^3\dfrac{T_R}{k_v}\dfrac{2D_A}{\omega_{0A}}\left(\dfrac{2D_A}{\omega_{0A}} + T_F\right) + p^4\dfrac{T_R}{k_v\omega_{0A}}\left(\dfrac{1}{\omega_{0A}} + 2D_A T_F\right) + p^5\dfrac{T_R T_F}{k_v\omega_{0A}^2}} \tag{74}$$

Als typisches Merkmal eines Lageregelkreises vom Typ 2 zeigt sich das
Zählerpolynom $(1+pT_R)$. Man kann für diesen Lageregelkreis, ausgehend von obigem Führungsfrequenzgang, ein Blockschaltbild mit zwei
hintereinandergeschalteten Blöcken zeichnen, wobei der erste ein

PD-Glied mit $\Im = 1 + pT_R$ darstellt und der zweite ein Verzögerungsglied höherer, in diesem Falle 5. Ordnung. Eine Erregung am Eingang
wirkt also, addiert mit ihrem Differential, auf dieses Verzögerungsglied ein, und man hat damit eine Erklärung dafür, daß ein Lageregelkreis vom Typ 2 dazu neigt, auf eine Erregung "heftig" zu reagieren, d.h. insbesondere stark überzuschwingen. Die bei verschiedenen
Einstellungen des Lagereglers gemessenen Frequenzgänge werden später in __Bild 3-24__ gezeigt.

3.6 Optimale Einstellung der Lageregelkreise

Lageregelkreise vom Typ 2 zeigen, im Vergleich zu denen vom Typ 1,
eine Neigung zu starkem Überschwingen. Dies ist mit ein Grund, wes-
halb sie bei Werkzeugmaschinen im allgemeinen nicht zu finden sind. Vor
allem besteht bei der numerisch bahngesteuerten Werkzeugmaschine auch
keine Notwendigkeit, Lageregelkreise vom Typ 2 einzusetzen, da die
Geschwindigkeitsfehler beim Fahren geradliniger Bahnen zu keinerlei
Bahnabweichungen führen.

In dem hier untersuchten Fall sind nun jedoch Lageregelkreise vom
Typ 2 von der Funktion der Anlage her notwendig, es scheint deshalb
mehr noch als in anderen Fällen angezeigt zu sein, eine optimale Einstellung zu suchen.

Dazu wird so vorgegangen, daß zunächst verschiedene in der Regelungstechnik übliche Optimierkriterien auf den vorliegenden Fall angewandt werden und aus dem Vergleich der damit erzielten Ergebnisse
rückwirkend eine Bewertung bezüglich ihrer Brauchbarkeit durchgeführt wird.

3.6.1 Kriterien

Bei einem Folgeregelkreis soll die Regelgröße mit geringem Zeit-
verzug der Führungsgröße folgen, außerdem soll sie bei auftretenden
Änderungen der Führungsgröße gut gedämpft reagieren.
Besondere Bedeutung kommt beim Folgeregelkreis einer Werkzeugmaschine der letzteren Bedingung zu, obwohl es selbst hier übertrieben wäre, eine so große Dämpfung zu fordern, daß - auch bei Auftreten sprungartiger Änderungen - kein Überschwingen der Regelgröße auftreten kann.
Diese Forderung würde bedeuten, daß man z.B. beim Fahren einer Ecke
ohne Halt zwar ein Verschleifen derselben ("undershooting error")

in Kauf nähme, dagegen kein Überschwingen ("overshooting error") -
dabei dürfte jedoch i.a. kein Grund vorliegen, die beiden Fehlerar-
ten unterschiedlich zu bewerten.

Zudem treten bei der Lageregelung einer Werkzeugmaschine gar keine
sprungartigen Veränderungen der Führungsgröße auf, sondern "schlimmstenfalls" rampenförmige (Fahren von einem Punkt A zu einem Punkt B
mit konstanter Geschwindigkeit, Anfahren der Schablone, Nachformen
einer $90°$-Innenecke). Daher zeigt sich ein bei sprungartiger Erregung gegebenes Überschwingen ohnehin nur abgeschwächt.

Aufgrund dieser Überlegungen werden die folgenden Optimierkriterien
angewandt:

a) Integralkriterium mit Bewertung der quadratischen Regelabweichung
   (ISE-Kriterium, integral of squared error [39])

$$I_0 = \int_0^\infty u^2(t)\, dt \longrightarrow \text{Min.} \qquad (75a)$$

   wobei   u - Regelabweichung.

b) Integralkriterium mit Bewertung der zeitbetonten quadratischen
   Regelabweichung (ITSE-Kriterium, integral of time multiplied by
   squared error)

$$I_1 = \int_0^\infty t\, u^2(t)\, dt \longrightarrow \text{Min.} \qquad (75b)$$

c) Integralkriterium mit Bewertung des zeitbetonten Betrags der Regelabweichung (ITAE-Kriterium, integral of time multiplied by the
   absolute value of error)

$$I_2 = \int_0^\infty t\, |u(t)|\, dt \longrightarrow \text{Min.} \qquad (75c)$$

d) Angleichung des Nennerpolynoms im Führungsfrequenzgang an eine
   standardisierte Form mit Binomialkoeffizienten. (Zu dieser Form ge-
   langt man, wenn man die lineare Regelfläche minimal werden läßt
   und zusätzlich - da dies noch zu keinem sinnvollen Ergebnis
   führt - für alle Teilvorgänge aperiodische Dämpfung vorschreibt
   [37]).

Die Integrale I_0 und I_1 können gemäß der Parsevalformel der Laplace-
Transformation im Unterbereich (Frequenzbereich) ausgewertet werden:

$$\int_0^\infty u^2(t)\, dt \;=\; \frac{1}{2\pi j} \int_{-j\infty}^{+j\infty} U(s)\, U(-s)\, ds \tag{76}$$

$$\int_0^\infty t\, u^2(t)\, dt \;=\; -\frac{1}{4\pi j}\, \lim_{\sigma\to 0} \frac{\partial}{\partial\sigma} \int_{-j\infty}^{+j\infty} U(\sigma+s)\, U(\sigma-s)\, ds \tag{77}$$

wobei $U(s)$ Laplacetransformierte von $u(t)$.

Unter der Annahme, daß

    der Regelvorgang stabil ist und

    die Regelabweichung $u(t)$ für $t\to\infty$ verschwindet, wenn also das

    Integral konvergiert,

kann man die Integrale mit Hilfe des Residuensatzes auswerten, was für verschiedene Fälle schon durchgeführt wurde [40] .

Das ITAE-Kriterium läßt sich dagegen nur in einfachen Fällen im Frequenzbereich auswerten. Im allgemeinen ist es notwendig, eine direkte Berechnung der Übergangsfunktion im Zeitbereich durchzuführen und daraus das Integral I_2 abzuleiten. Es liegen jedoch, ebenso wie bei Kriterium d), standardisierte Formen des Nennerpolynoms im Führungsfrequenzgang für verschiedene Strukturen von Folgeregelkreisen vor, die mit Hilfe des Analogrechners gewonnen worden waren [43] . Man erhält daraus die optimalen Parameter durch Koeffizientenvergleich.

Um von vornherein eine gewisse Abschätzung dieser Kriterien zu gewinnen, wird das folgende Beispiel gerechnet:

Ein Lageregelkreis vom Typ 1 habe folgenden Frequenzgang des offenen Kreises:

$$\mathfrak{J}_0 = -\frac{k_v}{p}\; \frac{1}{1+\dfrac{2D_A}{\omega_{OA}}\,p+\dfrac{1}{\omega_{OA}^2}\,p^2} \tag{78}$$

(Lageregler hat P-Verhalten, Antrieb als Verzögerungsglied 2. Ordnung)

Nimmt man an, daß die Kennkreisfrequenz des Antriebs festliegt, so kommt man mit den Kriterien a)...d) zu den folgenden Einstellvorschriften:

a) $k_v = 0,5\ \omega_{OA}$ und $D_A = 0,5$

b) $k_v = 0,495\ \omega_{OA}$ und $D_A = 0,57$

c) $k_v = 0,317\ \omega_{OA}$ und $D_A = 0,595$

d) $k_v = 0,192\ \omega_{OA}$ und $D_A = 0,865$

Wenn auch, wie schon ausgeführt, Lageregelkreise an Werkzeugmaschinen nicht sprungartig erregt werden, so spricht doch nichts dagegen, den Sprung als bequeme Testfunktion zu verwenden, um z.B. das Verhalten bei verschiedenen Einstellungen vergleichen zu können.
So sind die Übergangsfunktionen des Lageregelkreises bei den obigen Einstellungen in <u>Bild 3-19</u> dargestellt (Analogrechnersimulation). Es zeigt sich, daß zwischen den aus a) und b) resultierenden Verläufen kein großer Unterschied besteht und daß beide ein relativ starkes Überschwingen aufweisen. Als günstig kann die aus dem Kriterium c) gewonnene Einstellung bewertet werden, während die aus d) ermittelte offensichtlich bereits einen zu stark gedämpften Verlauf liefert. (Dies erklärt sich daraus, daß bei Binomialverteilung der Koeffizienten im Nennerpolynom des Führungsfrequenzgangs nur reelle Wurzeln in der p-Ebene auftreten).

<u>Bild 3-19</u>: Sprungantworten eines Lageregelkreises vom Typ 1 mit Verzögerung 2.Ordnung als Zeitverhalten des Antriebs bei verschiedenen Einstellungen (Analogrechnersimulation)

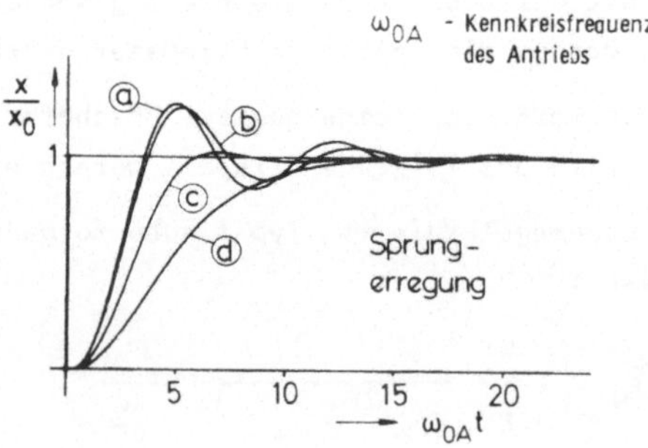

3.6.2 <u>Berechnung der optimalen Parameter</u>

Zur Berechnung der optimalen Parameter des vorliegenden Lageregelkreises wird gegenüber der in Bild 3-16 gezeigten Struktur die Annäherung $\mathfrak{I}_m = 1$ getroffen, dies ist von der Relation zu den übrigen Zeitverzögerungen her gerechtfertigt. Weiterhin wird, um den Rechenaufwand in tragbaren Grenzen zu halten, die Zeitverzögerung des Fühlers vernachlässigt, d.h. ebenfalls $\mathfrak{I}_F = 1$ gesetzt, obwohl dies bei der vorliegenden Anlage von den Zahlenwerten gesehen nicht mehr zu-

lässig ist. Man kann diese Vereinfachung dennoch rechtfertigen, da
diese Zeitverzögerung für den Lageregelkreis nicht typisch ist und
da zudem, zur praktischen Überprüfung der rechnerisch gefundenen
Ergebnisse ohne weiteres ein verzögerungsfreies Wegmeßsystem an
Stelle des verzögerungsbehafteten Fühlers eingesetzt werden kann.

Als Antriebsfrequenzgang wird einmal derjenige eines Verzögerungsglieds 1.Ordnung und dann eines Verzögerungsglieds 2.Ordnung angenommen. Mit den genannten Vereinfachungen werden also die folgenden Frequenzgänge des offenen Lageregelkreises unterstellt:

$$\mathfrak{J}_{01} = - \frac{k_v \, (1 + pT_R)}{p^2 \, T_R \, (1 + pT_A)} \tag{79a}$$

$$\mathfrak{J}_{02} = - \frac{k_v \, (1 + pT_R)}{p^2 \, T_R \left(1 + \frac{2D_A}{\omega_{OA}} p + \frac{1}{\omega_{OA}^2} p^2\right)} \tag{79b}$$

Durch Einführung der beziehenden Abkürzungen (58a...e) und
(66a...d) erhält man

$$\mathfrak{J}_{01} = - \frac{g_1 \, (1 + q d_1)}{q^2 d_1 \, (1 + q)} \tag{80a}$$

$$\mathfrak{J}_{02} = - \frac{g_2 \, (1 + q d_2)}{q^2 d_2 \, (1 + 2D_A q + q^2)} \tag{80b}$$

Der Lageregelkreis wird sowohl auf Sprungfunktion als auch auf
Anstiegsfunktion als Erregung optimiert werden.

Im Falle des Antriebs als Verzögerungsglied 1.Ordnung ergeben sich
mit Gl. (80a) und den in [40] enthaltenen Angaben die folgenden
Formen für die (bezogenen) Integrale, die zu minimisieren sind:

Sprungerregung, ISE-Kriterium:

$$2 \, i_0 = \frac{1}{s} \left(d_1 + \frac{d_1}{g_1}\right) \tag{81a}$$

Sprungerregung, ITSE-Kriterium:

$$4 \, i_1 = \frac{1}{s^2} \left(2 d_1^2 + \frac{4 d_1}{g_1} + \frac{2 d_1^2}{g_1^2}\right) \tag{81b}$$

Anstiegserregung, ISE-Kriterium:

$$2\,i_0 = \frac{1}{S}\left(\frac{d_1^2}{g_1^2} + \frac{d_1}{g_1}\right) \tag{81c}$$

Anstiegserregung, ITSE-Kriterium:

$$4\,i_1 = \frac{1}{S^2}\left(\frac{2d_1^2}{g_1} + \frac{7d_1^2}{g_1^2} + \frac{d_1^4}{g_1^2} - \frac{4d_1^3}{g_1^2} + \frac{2d_1^3}{g_1^3}\right) \tag{81d}$$

$$\text{wobei} \qquad i_0 = I_0/T_A \tag{82a}$$

$$i_1 = I_1/T_A^2 \tag{82b}$$

$$S = d_1 - 1 > 0 \tag{82c}$$

Diese Ausdrücke liefern keine sinnvollen Ergebnisse, da bezüglich der bezogenen Geschwindigkeitsverstärkung die Minima der Integrale durchweg für $g_1 \to \infty$ erreicht werden. Zudem ergibt sich in den beiden Fällen der Sprungerregung $d_1 \to \infty$. Lediglich in den Fällen der Anstiegserregung kann bei Vorgabe eines willkürlich gewählten Wertes g_1 ein solcher für d_1 bestimmt werden, bei dem die Integrale minimal werden ("relatives" Optimum), so z.B. aus Gl. (81c):

$$d_1 = d_{1(opt)} = 1 + \sqrt{1 + g_1}$$

Sinnvolle Ergebnisse stellen sich erst ein, wenn der Antrieb als Verzögerungsglied 2.Ordnung angenommen wird. Man erhält in diesem durch Gl. (80b) beschriebenen Fall die folgenden Ausdrücke:

Sprungerregung, ISE-Kriterium:

$$2\,i_0 = \frac{1}{S}\left(4\,D_A^2 + \frac{2D_A}{g_2} - \frac{2D_A}{d_2} - 1\right) \tag{83a}$$

Sprungerregung, ITSE-Kriterium:

$$2\,i_1 = \frac{1}{S^2}\left(12\,\frac{D_A}{d_2} + 32\,\frac{D_A^4}{d_2 g_2} - 24\,\frac{D_A^3}{d_2} - 16\,\frac{D_A^2}{d_2 g_2} - 2\,\frac{g_2}{d_2} + 8\,\frac{D_A^2}{d_2^2} + 16\,D_A^4 \right.$$
$$\left. + 4\,\frac{D_A^2}{g_2^2} + 4\,D_A g_2 - 4\,D_A^2 - 4\,\frac{D_A}{g_2} + 1\right) \tag{83b}$$

Anstiegserregung, ISE-Kriterium:

$$2\,i_0 = \frac{1}{g_2^2\,S}\left[\,g_2^2 + 4\,D_A\,g_2(2D_A^2 - 1) + d_2(2D_A - g_2)\right] \qquad (83c)$$

Anstiegserregung, ITSE-Kriterium:

$$4\,i_1 = \frac{1}{g_2^2\,S^2}\left[\,8\,\frac{D_A g_2}{d_2}(5D_A - 4D_A^3 - 2g_2) + 16\,D_A^3(4D_A^2 g_2 + 7D_A - 6g_2)\right.$$

$$+8D_A^2(4g_2^2 - 5) + 2g_2(16D_A - 3g_2) + 2g_2 d_2(1 - 2D_A g_2)$$

$$\left.+8D_A^2 d_2\left(\frac{1}{g_2} - 4D_A\right) + 8D_A d_2(3D_A g_2 - 1) + d_2^2(2D_A - g_2)^2\right] \qquad (83d)$$

$$\text{wobei}\qquad i_0 = \omega_{OA}\,I_0 \qquad\qquad\qquad (84a)$$

$$i_1 = \omega_{OA}^2\,I_1 \qquad\qquad\qquad (84b)$$

$$S = 2D_A - g_2 - \frac{4D_A^2}{d_2} > 0 \qquad\qquad (84c)$$

Die obigen Ausdrücke sind, mit Ausnahme von Gl. (83a) nicht mehr
"von Hand" auszuwerten. Die optimalen Werte mußten deshalb mit Re-
nerhilfe gefunden werden. (Dazu wurde ein Suchschritt-Verfahren
[achsparallele Suche] angewandt, wobei die zu variierenden Parameter nacheinander zunächst mit einer Schrittweite H_0 solange verändert wurden, bis kein Erfolg in der Minimisierung des Integrals
mehr festzustellen war, dieser Suchvorgang wurde dann mehrmals mit
jeweils verringerter Schrittweite wiederholt).

Die Ergebnisse sind tabellarisch in __Bild 3-20__ enthalten. Daß bei
Optimierung auf Sprungerregung $d_1 \to \infty$ bzw. $d_2 \to \infty$ (Ersatz des
PI-Lagereglers durch einen P-Regler) vorgeschrieben wird, war zu
erwarten, da hier auch ohne I-Anteil im Regler die Regelabweichung
verschwindet und dieser auch keine Verbesserung des Regelvorgangs
bewirkt.

Für das ITAE-Kriterium sind die folgenden Standardformen des Nennerpolynoms im Führungsfrequenzgang der Lageregelung vorgeschrieben [43] :

Typ 1:
$$\mathfrak{F}_w = \frac{1}{p^n + C_{n-1}\, p^{n-1} + \cdots + C_1\, p + 1} \qquad (85)$$

2.Ordnung $\qquad p^2 + 1,4\ b\, p + b^2 \qquad\qquad\qquad (86a)$

3.Ordnung $\qquad p^3 + 1,75\ b\, p^2 + 2,15\ b^2 p + b^3 \qquad (86b)$

4.Ordnung $\qquad p^4 + 2,1\ b\, p^3 + 3,4\ b^2 p^2 + 2,7\ b^3 p + b^4 \qquad (86c)$

Typ 2:
$$\mathfrak{F}_w = \frac{1 + C_1\, p}{p^n + C_{n-1}\, p^{n-1} + \cdots + C_1\, p + 1} \qquad (87)$$

2.Ordnung $\qquad p^2 + 3,2\ b\, p + b^2 \qquad\qquad\qquad (88a)$

3.Ordnung $\qquad p^3 + 1,75\ b\, p^2 + 3,25\ b^2 p + b^3 \qquad (88b)$

4.Ordnung $\qquad p^4 + 2,41\ b\, p^3 + 4,93\ b^2 p^2 + 5,14\ b^3 p + b^4 \qquad (88c)$

Dabei ist b ein frei wählbarer Zeitfaktor der Dimension s^{-1}.

Schließlich lauten die standardisierten Formen des Nennerpolynoms mit Binomialkoeffizienten:

2.Ordnung $\qquad p^2 + 2\ b\, p + b^2 \qquad\qquad\qquad (89a)$

3.Ordnung $\qquad p^3 + 3\ b\, p^2 + 3\ b^2 p + b^3 \qquad\qquad (89b)$

4.Ordnung $\qquad p^4 + 4\ b\, p^3 + 6\ b^2 p^2 + 4\ b^3 p + b^4 \qquad (89c)$

Aus diesen Kriterien ergeben sich nun für den vorliegenden Regelkreis Werte für g_{opt}, d_{opt} und D_{Aopt}, die in der in <u>Bild 3-20</u> gezeigten Tabelle zusammengestellt sind.

3.6.3 <u>Vergleich der Ergebnisse</u>

In Bild 3-20 sind für die verschiedenen Optimierungen der Amplitudenrand F_{Rd} und der Phasenrand Φ_{Rd} mit aufgeführt. Es sind:

$$F_{Rd} = \frac{1}{\left.|\mathfrak{F}_0|\right._{\Phi = -180^\circ}} \qquad\text{und}\qquad \Phi_{Rd} = 180^\circ - \left(-\left.\Phi\right|_{F_0 = 1}\right)$$

Wenn man zunächst einmal die aus der Praxis gewonnene Faustregel, daß $F_{Rd} \gtrless 2,5$ und $\Phi_{Rd} \gtrless 30^\circ$ sein sollten [37], heranzieht, so erkennt man bei der ISE- und ITSE-Optimierung, daß die aus der Anstiegserregung gewonnenen Einstellwerte diese Bedingungen in keiner

Kriterium	ISE		ITSE		ITAE		Bin.-koeff.
Erregung	Sprung	Anstieg	Sprung	Anstieg	Sprung	Anstieg	–
Bezeichnung	a1	a2	b1	b2	c1	c2	d
Antrieb als Verzögerungsglied 1.Ordnung							
$g_{1opt}= k_{vopt}T_A$	$\to\infty$	$\to\infty$	$\to\infty$	$\to\infty$	0,5	1,06	0,33
$d_{1opt}= T_{Ropt}/T_A$	$\to\infty$	–	$\to\infty$	–	$\to\infty$	5,7	9,0
F_{Rd}	–	–	–	–	–	–	–
Φ_{Rd}	–	–	–	–	66°	38°	53°
Antrieb als Verzögerungsglied 2.Ordnung							
$g_{2opt}= k_{vopt}/\omega_{0A}$	0,5	0,93	0,5	0,54	0,32	0,47	0,27
$d_{2opt}= T_{Ropt}\,\omega_{0A}$	$\to\infty$	8,80	$\to\infty$	4,54	$\to\infty$	11,5	9,8
D_{Aopt}	0,5	0,74	0,58	0,49	0,60	0,54	0,82
F_{Rd}	2,0	1,32	2,32	1,42	3,75	2,08	5,06
Φ_{Rd}	50°	11°	50°	22°	66°	43°	44°

Bild 3-20: Tabelle der Einstellvorschriften für den Lageregelkreis, die aus den verschiedenen Kriterien resultieren

Weise erfüllen. Dagegen ist die obige Faustregel bei ISE- und ITSE-
Optimierung auf Sprung und bei der ITAE-Optimierung auf Anstieg zum
Teil erfüllt, bei ITAE-Optimierung auf Sprung und bei Binomial-Ver-
teilung der Koeffizienten zur Gänze.

Die Bilder 3-21 und 3-22 zeigen die Antworten eines am Analogrechner
nachgebildeten Lageregelkreises vom Typ 2 (vgl. Kap. 2.5.2) auf Sprung-
und Anstiegserregung mit den aus den behandelten Optimierkriterien
gewonnenen Einstellungen, wobei in Bild 3-21 der Antrieb als Verzögerungsglied 1. Ordnung, in Bild 3-22 als Verzögerungsglied 2. Ordnung angenommen wurde.

Bei der ISE- und ITSE-Optimierung zeigt sich, daß die aus dem Anstieg gewonnenen Vorschriften zwar bei Anstiegserregung selbst gut

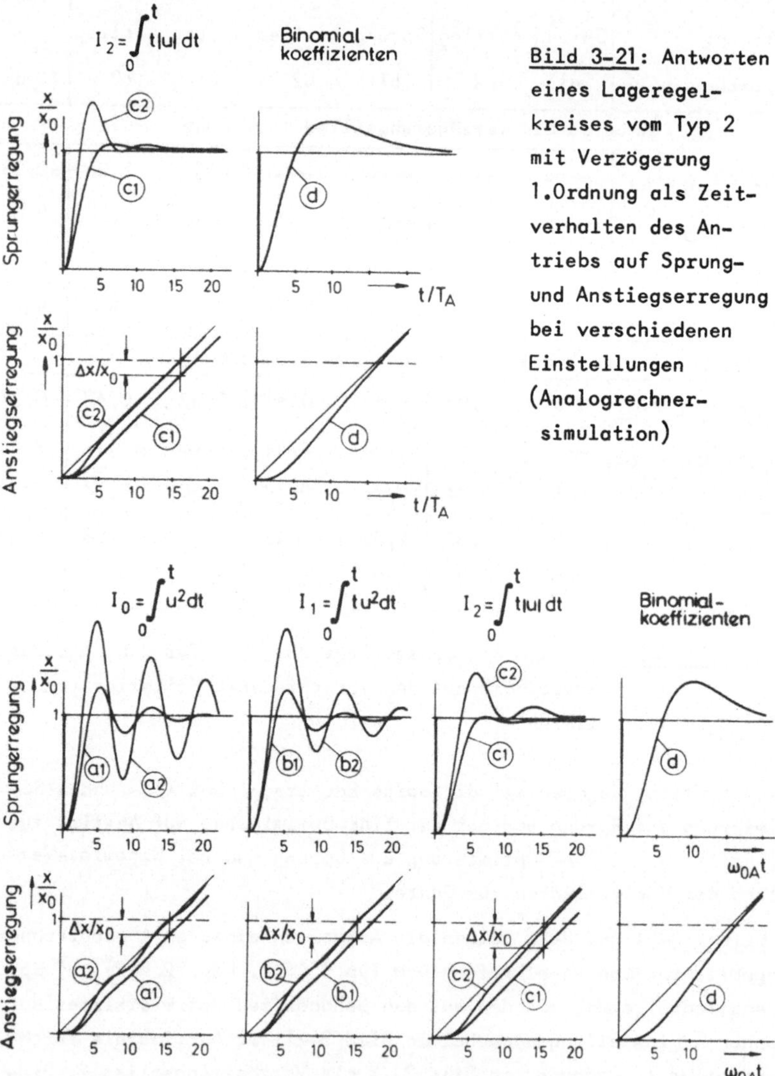

Bild 3-21: Antworten eines Lageregelkreises vom Typ 2 mit Verzögerung 1.Ordnung als Zeitverhalten des Antriebs auf Sprung- und Anstiegserregung bei verschiedenen Einstellungen (Analogrechnersimulation)

Bild 3-22: Antworten eines Lageregelkreises vom Typ 2 mit Verzögerung 2. Ordnung als Antriebszeitverhalten auf Sprung- und Anstiegserregung bei verschiedenen Einstellungen (Analogrechnersimulation)

gedämpfte Einschwingvorgänge liefern, dies aber nur, weil eben die Erregung entsprechend "weich" ist. Dieselben Einstellvorschriften liefern bei Sprungerregung stark überschwingende Verläufe. Nun ist es zwar richtig, daß sich die Führungsgrößen im vorliegenden Fall nie sprungartig sondern "schlimmstenfalls" linear ansteigend ändern. Man muß jedoch an das Auftreten sprungartiger Störgrößen denken, die das System zu entsprechenden Schwingungen anregen können. Aus diesem Grund ist es sicher sinnvoll auch die Sprungantworten für eine vergleichende Betrachtung heranzuziehen.

Damit kann festgestellt werden, daß sich die ISE- und ITSE-Optimierungen auf Anstiegserregung für die Einstellung der Lageregelkreise nicht eignen. Auch die Optimierung auf Sprung erbringt - abgesehen davon, daß sich die in diesem Fall unbrauchbare Vorschrift $T_R \rightarrow \infty$ liefert (Ersatz des PI-Lagereglers durch einen P-Regler) - zu stark schwingende Verläufe der Regelgröße.

Als günstig erweist sich dagegen eine Einstellung nach dem ITAE-Kriterium. Offensichtlich liefert hier auch, im Gegensatz zu den beiden anderen Kriterien, die Optimierung auf Anstiegserregung, die also auch für T_R ein Optimum liefert, ein brauchbares Ergebnis.

Die Einstellung nach Binomial-Koeffizienten liefert wieder, wie schon begründet, einen zu stark gedämpften Verlauf der Regelgröße.

3.6.4 Gewählte Einstellung der Lageregelkreise

Um eine abschließende Antwort auf die Frage nach einer günstigen Einstellung der Lageregelkreise geben zu können, wurden Messungen an der in Abschnitt 3.2 beschriebenen Anlage durchgeführt. Dazu wurden die in der Tabelle des Bildes 3-20 aufgeführten optimalen Parameter g_{1opt} und d_{1opt} (der Geschwindigkeitsregelkreis war als Verzögerungsglied 1. Ordnung angenähert worden) an der Nachformeinrichtung eingestellt und die gemessenen Antworten auf Sprung- und Anstiegserregung (Bild 3-23) sowie die gemessenen Führungsfrequenzgänge (Bild 3-24) miteinander verglichen.

Infolge der getroffenen Annäherungen und Vernachlässigungen zeigt sich erwartungsgemäß, daß sich die gemessenen Verläufe von den am

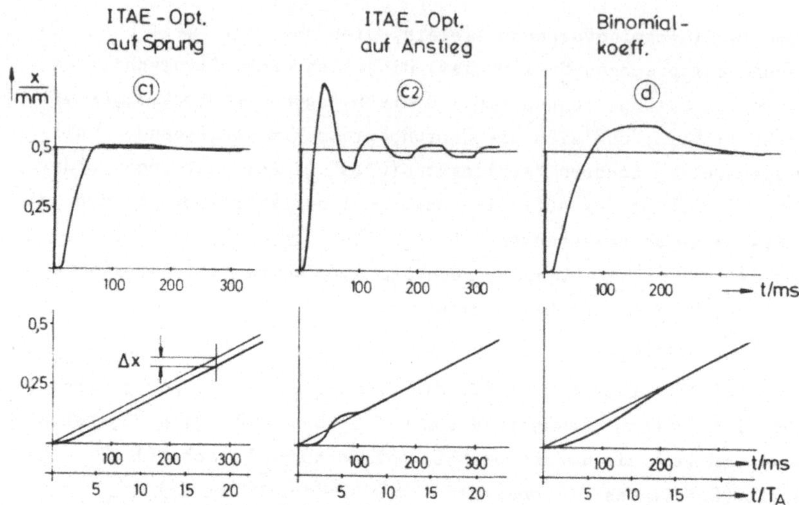

Bild 3-23: An der Versuchseinrichtung gemessene Antworten des Lageregelkreises auf Sprung- und Anstiegserregung bei den verschiedenen Einstellungen

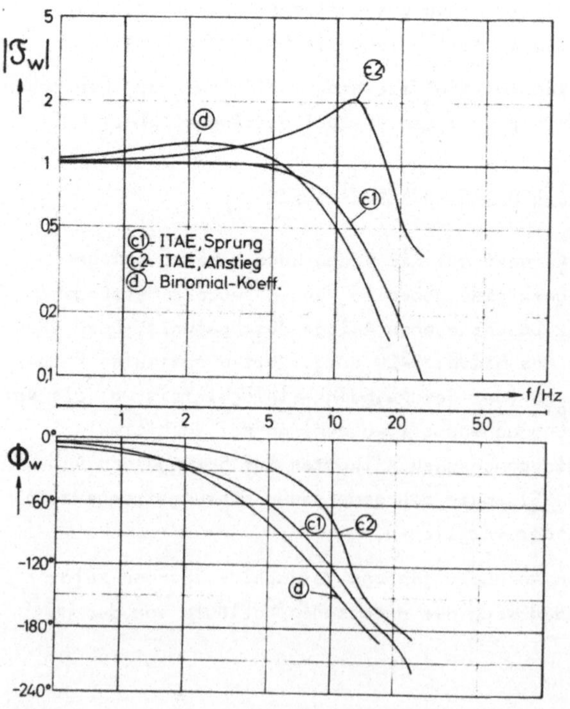

Bild 3-24:
Gemessene Führungsfrequenzgänge der Lageregelung bei den verschiedenen Einstellungen

Analogrechner ermittelten unterscheiden - und zwar umso mehr, je nä-
her man sich mit der jeweiligen Einstellung an der Stabilitätsgrenze
befindet.

Scheidet man die ITAE-Optimierung auf Sprung aus, da sie keinen
brauchbaren Wert für T_R liefert, so kommt man bezüglich der verbleibenden Kriterien - ITAE-Optimierung auf Anstieg und Binomial-Koeffizienten - und den daraus gewonnenen Einstellvorschriften zu der
Aussage, daß diese offensichtlich einen Bereich abgrenzen, von dem
gesagt werden kann, daß eine Einstellung der Reglerparameter innerhalb oder auf seinen Grenzen ein brauchbares Verhalten der Lageregelung erbringen wird (<u>Bild 3-25</u>). Es scheint nicht sinnvoll zu sein,
diese Aussage schärfer zu fassen, indem versucht werden würde, einen
einzigen Einstellpunkt als optimalen zu bezeichnen. Gegen ein solches Vorhaben sprechen die folgenden Gründe:

a) In den Kriterien selbst und ihrer Anwendung auf den vorliegenden
   Lageregelkreis steckt bereits eine gewisse Willkür.

b) Es gibt keine scharf formulierten Anforderungen an die Lageregelkreise, die realisierbar und wohl begründet wären. Würde man dennoch solche "exakte" Anforderungen formulieren, so wären diese
   wieder als willkürlich anzusprechen.

c) Das Systemverhalten ist wegen der Nichtlinearitäten vom Arbeitspunkt abhängig. Auch in der Auswahl eines "typischen" Arbeits-
   punkts liegt eine gewisse Willkür.

d) Es sind starke Vereinfachungen in der Beschreibung des Zeitverhaltens der Regelkreisglieder notwendig, um überhaupt rechnen zu
   können.

e) Insbesondere müssen die Nichtlinearitäten bei der Optimierrechnung
   vernachlässigt werden.

Die endgültige Einstellung wird deshalb immer an der Anlage selbst
vorgenommen werden. Man geht dabei zweckmäßigerweise so vor, daß man
zunächst nach der ITAE-Optimierung auf Anstiegserregung einstellt und,
falls der Regelkreis zu wenig gedämpft erscheint - was am besten durch
Aufnahme der Übergangsfunktion festgestellt wird - , von dieser Einstellung ausgehend eine solche aufsucht, bei der die gewünschte

Dämpfung gegeben ist. Dies dürfte spätestens dann erreicht sein, wenn der Einstellpunkt der Binomial-Koeffizientenverteilung erreicht ist.

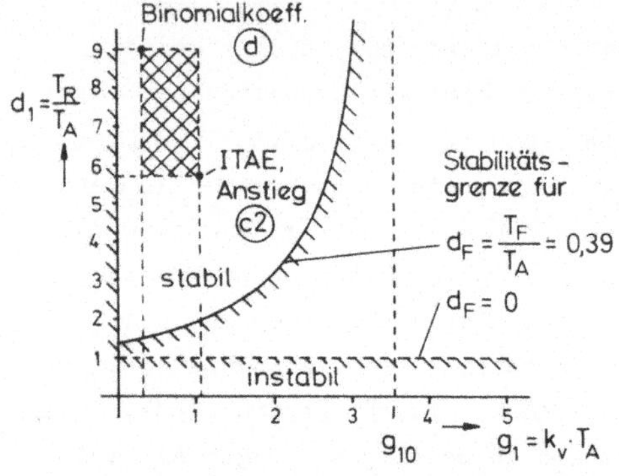

Bild 3-25: Günstiger Einstellbereich der Reglerparameter der Lageregelung

3.7   Verhalten der Lageregelung im Geschwindigkeitsnullpunkt

Wie schon aus den in obigem Abschnitt gezeigten Übergangsfunktionen hervorgeht, führt der Lageregelkreis eine Dauerschwingung im Nullpunkt der Geschwindigkeit aus (vgl. Bild 3-23, oben Mitte). Dadurch käme es beim Nachformen eines Modells zu Oberflächenunregelmäßigkeiten im Bereich der Umkehrpunkte, wo also die Geschwindigkeit einer der Achsen das Vorzeichen wechselt.

Es ist notwendig, diesem "Verhalten um den Nullpunkt", das eine Folge der Nichtlinearitäten im Lageregelkreis ist, mindestens die gleiche Aufmerksamkeit zu widmen wie dem Verhalten außerhalb dieses Nullpunkts, das mit ausreichender Annäherung mit der linearen Theorie erfasst und beschrieben werden kann. Insbesondere muß die Dimensionierung der Reglerparameter auch auf dieses Verhalten Rücksicht nehmen. Die Amplitude der Dauerschwingung, mit Hilfe eines linearen Wegaufnehmers am Maschinenschlitten gemessen, ist in **Bild 3-26** als Funktion der Reglerparameter k_v und T_R dargestellt. Daraus ist z.B. zu ersehen, daß bei Einstellung c2 , also nach dem ITAE-Kriterium, die Amplitude dieser Schwingung

$$\hat{x} = 4,4\, x_u = 55\ \mu m$$

beträgt, bei Einstellung d , also bei Binomial-Koeffizientenverteilung dagegen

$$\hat{x} = 1,52\ x_U = 19\ \mu m$$

wobei x_U die halbe Umkehrspanne war.

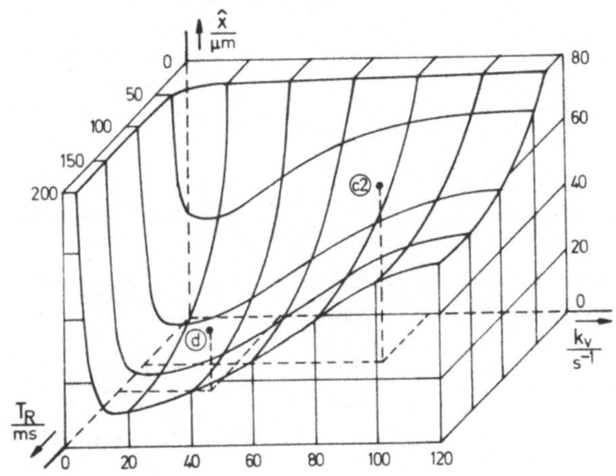

Bild 3-26:
Amplitude der
Dauerschwingung
im Geschwindig-
keitsnullpunkt
in Abhängigkeit
von den Regler-
parametern

3.7.1 Die Umkehrspanne als Ursache der im Geschwindigkeitsnullpunkt auftretenden Dauerschwingung

Wie im folgenden gezeigt wird, ist die Umkehrspanne des Spindel-Schlitten-Systems, die in Bild 3-12 gezeigt worden war, eine der Ursachen
der Dauerschwingung im Geschwindigkeitsnullpunkt.

Wenn man das Spindel-Schlitten-System vereinfacht als Einmassenschwin-
ger mit linearer Federcharakteristik und Coulomb-Reibung ansieht, so
kommt man zu dem in Bild 3-27 gezeigten physikalischen Ersatzbild und
zu dem entsprechenden Blockschaltbild (Bild 3-28), bei dem in bezogener Form folgendes beschreibende Gleichungssystem dargestellt
wird:

$$\frac{F_c}{F_{max}} = \frac{F_r}{F_{max}} + \frac{F_d}{F_{max}} + T_m \frac{d(v_x/v_{max})}{dt} \tag{90}$$

$$\frac{F_c}{F_{max}} = \frac{x_M - x}{s_{max}} \qquad \text{Federkraft} \qquad (91)$$

$$\frac{F_r}{F_{max}} = \frac{F_{r0}}{F_{max}} \, sgn\left(\frac{v_x}{v_{max}}\right) \qquad \text{Reibungskraft} \qquad (92)$$

$$\frac{F_d}{F_{max}} = k_d \, \frac{v_x - v_{Mx}}{v_{max}} \qquad \text{Dämpfungskraft} \qquad (93)$$

$$\frac{x_M}{s_{max}} = \frac{1}{T_I} \int_0^t \frac{v_{Mx}}{v_{max}} \, dt \qquad\qquad (94)$$

$$\frac{x}{s_{max}} = \frac{1}{T_I} \int_0^t \frac{v_x}{v_{max}} \, dt \qquad\qquad (95)$$

$$\text{wobei} \qquad T_m = m \, \frac{v_{max}}{F_{max}} \qquad (96a)$$

$$T_I = \frac{s_{max}}{v_{max}} \qquad (96b)$$

$$F_{max} = c \cdot s_{max} \qquad (96c)$$

$$k_d = d \, \frac{v_{max}}{F_{max}} \qquad (96d)$$

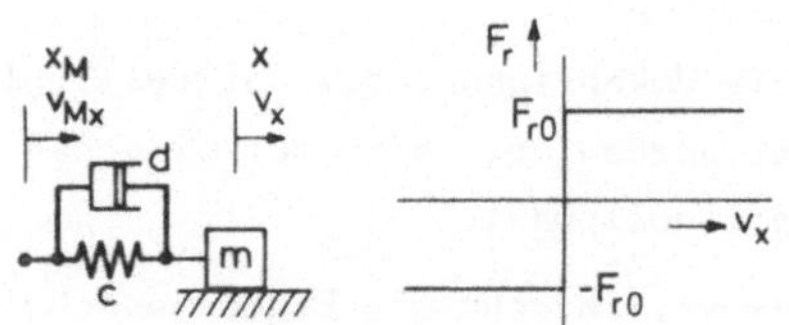

Bild 3-27: Physikalisches Ersatzbild und Reibcharakteristik des Spindel-Schlitten-Systems .
c – Federkonstante, m – Masse, d – Dämpfungskoeffizient

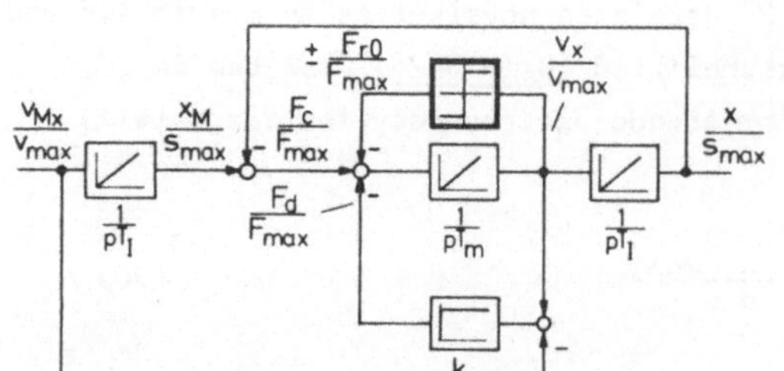

Bild 3-28: Blockschaltbild des Spindel-Schlitten-Systems

Man kann in diesem Fall keine Trennung des nichtlinearen und des frequenzabhängigen Anteils durchführen, eine Aufteilung in ein Hystereseglied und ein Verzögerungsglied 2. Ordnung wäre also nur als Annäherung mit beschränkter Gültigkeit zu verstehen.

Man kann lediglich - und davon wurde bereits Gebrauch gemacht - die Betrachtung auf den Fall beschränken, bei dem keine Richtungsumkehr auftritt. Bei reiner Coulomb-Reibung kann dann wegen

$$\frac{d\,F_r}{d\,v} = 0 \tag{97}$$

das System als reibungslos behandelt werden und man erhält den Frequenzgang [vgl. Gl. (47)]:

$$\mathfrak{F} = \mathfrak{F}_I\,\mathfrak{F}_m = \frac{1}{p\,T_I}\;\frac{1 + \dfrac{2\,D_m}{\omega_{Om}}\,p}{1 + \dfrac{2\,D_m}{\omega_{Om}}\,p + \dfrac{1}{\omega_{Om}{}^2}\,p^2} \tag{98} \quad ^{*)}$$

$$\text{wobei}\qquad \omega_{Om} = \sqrt{\frac{c}{m}} \tag{99a}$$

$$D_m = \frac{d}{2}\sqrt{\frac{1}{c\,m}} \tag{99b}$$

$$T_I = s_{max}/v_{max} \tag{96b}$$

Zur Behandlung des Verhaltens bei Richtungsumkehr bedient man sich zweckmäßigerweise der Methode der Beschreibungsfunktion [37,38] , die eine sinusförmige Schwingung des Eingangssignals mit der Grundschwingung des Ausgangssignals eines nichtlinearen Glieds vergleicht und die daraus gewonnene Amplitudenverstärkung und die Phasendrehung über der Amplitude der Eingangsschwingung darstellt. Allerdings muß nun hier der Parameter "Frequenz" eingeführt werden. Man könnte natürlich auch umgekehrt die Frequenzgang- oder Ortskurvendarstellung wählen und den Parameter "Eingangsamplitude" berücksichtigen.

Nach [38] ist die Amplitudenverstärkung k eines Schwingers mit Coulomb-Reibung:

$$k = \frac{-2\,D\,w_0\,r\,\frac{4}{\pi}}{N} \overset{+}{\underset{-}{}}\sqrt{\left[\frac{2\,D\,w_0\,r\,\frac{4}{\pi}}{N}\right]^2 - \frac{(\frac{4}{\pi}\,r)^2 - 1}{N}} \tag{100}$$

$$\text{wobei}\quad N = (1 - w_0{}^2)^2 + 4\,D^2\,w_0{}^2 \tag{100a}$$

Die Phasendrehung ist:

$$\Phi = \arcsin\left(\frac{4}{\pi}\, r + 2\, D\, w_0\, k\right) \qquad (101)$$

wobei D - Dämpfungsgrad des reibungslos gedachten Systems

$\qquad w_0 = \omega/\omega_0$ - Frequenzverhältnis

$\qquad r = x_u/\hat{x}_e$ - Reibungsverhältnis

$\qquad\qquad$ mit $\quad x_u = F_{r0}/c$ - halbe Umkehrspanne

$\qquad\qquad\qquad \hat{x}_e$ - Eingangsamplitude

Diese Beschreibungsfunktion ist für das hier vorliegende Schwingungssystem mit den gemessenen Werten

$$\omega_0 = \omega_{0m} = 750\ \text{s}^{-1} \qquad \text{und} \qquad D = D_m = 0,07$$

in __Bild 3-29__ aufgetragen. Es zeigt sich, daß mit größer werdendem Reibungsverhältnis, d.h. mit größer werdendem Einfluß der Nichtlinearität eine Verringerung der Amplitudenverstärkung k und eine vergrößerte Phasennacheilung bis $-\Phi = 90°$ auftritt. Dieser Effekt entspricht demjenigen, der bei einem Hystereseglied gegeben ist.

Man kann nun, bei Kenntnis der Beschreibungsfunktion, eine Stabilitätsbetrachtung nach der in [37] angeführten Methode durchführen. Dabei wird so vorgegangen, daß aus dem Bode-Nyquist-Diagramm des Frequenzgangs des offenen Lageregelkreises, Bild 3-17, und aus der Beschreibungsfunktion des nichtlinearen Glieds die Stabilitätsgrenze

$$\varkappa_{gr} = \frac{k_{v\,gr}}{k_{v\,0}} = f\,(1/r)$$

wobei mit k_{v0} die eingestellte Geschwindigkeitsverstärkung gemeint ist, konstruiert wird. Eine Schwierigkeit besteht allerdings darin, daß zunächst nicht bekannt ist, welche Frequenz die zu erwartende Dauerschwingung aufweist und damit auch nicht bekannt ist, welche aus der Schar der Beschreibungsfunktionen zur Konstruktion der Stabilitätsgrenze herangezogen werden muß. In diesem Fall liegt jedoch die Eigenfrequenz des Schwingers so hoch, daß die für $w_0 = 0$ gültige Beschreibungsfunktion genommen werden kann, zumal sich diese im Bereich $0 \leqq w_0 \leqq 0,5$ recht wenig unterscheiden.

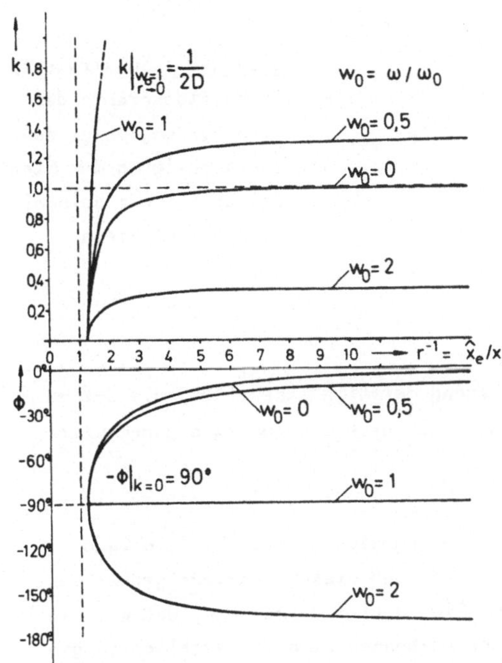

Bild 3-29: Beschrei-
bungsfunktion eines
Schwingers mit Coulomb-
Reibung

Die so konstruierte Stabilitätsgrenze ist in Bild 3-30 dargestellt.
Daraus ersieht man, daß die Dauerschwingung zwangsläufig auftritt,
d.h. daß sie bei jedem eingestellten Wert $\varkappa$ bzw. k_v vorhanden ist.
Diese Zwangsläufigkeit läßt sich leicht aus dem Verlauf des Phasengangs des offenen Lageregelkreises erklären. Dieser Phasengang nimmt für
$\omega \rightarrow 0$ den Wert $\Phi = -180°$ an. Nun bringt die Nichtlinearität eine zusätzliche Phasenverschiebung, so daß in einem gewissen Bereich
$0 < \omega < \omega_{-180°}$ die Phasennacheilung über $-180°$ hinausgeht, mithin Instabilität gegeben ist.

Aus dem Stabilitätsdiagramm Bild 3-30 läßt sich für die Amplitude
der Dauerschwingung am Eingang des nichtlinearen Glieds bei $\varkappa = 1$
(unveränderte Einstellung nach dem ITAE-Kriterium) ein Wert ablesen:

$$1/r = \hat{x}_e/x_u = 3,0$$

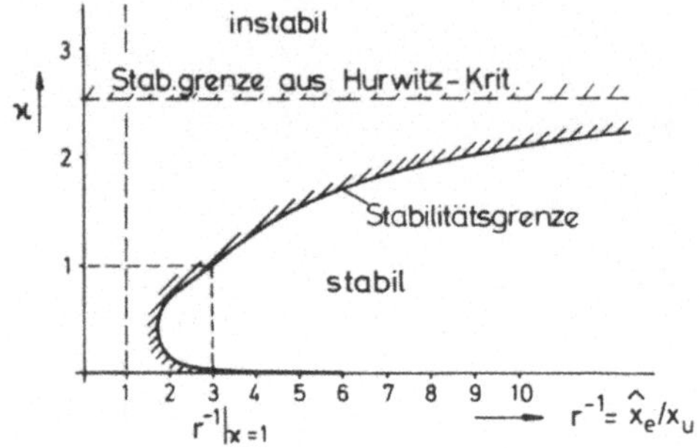

Bild 3-30: Konstruierte Stabilitätsgrenze der Lageregelung unter Berücksichtigung der Nichtlinearität des Spindel-Schlitten-Systems

Die Schwingungsamplitude am Ausgang der Nichtlinearität, die der am Schlitten gemessenen entspricht, läßt sich angenähert angeben mit:

$$\hat{x}/x_u \approx (\hat{x}_e/x_u) - 1 = 2,0$$

Vergleicht man diesen Wert mit dem gemessenen, der aus Bild 3-26 entnommen werden kann, so fällt auf, daß dieser letztere größer als der theoretisch ermittelte ist. Dies deutet darauf hin, daß weitere Ursachen für die Dauerschwingung vorhanden sind. Tatsächlich zeigte ein Versuch, bei dem zur Umgehung der Umkehrspanne nicht die Schlittenposition, sondern die Winkelposition der Motorwelle gemessen und zurückgeführt wurde (indirekte Wegmessung), daß auch in diesem Fall eine Dauerschwingung im Geschwindigkeitsnullpunkt auftrat.

3.7.2 Unempfindlichkeit im Geschwindigkeitsregelkreis als Ursache der Dauerschwingung

Es hat sich in obigem Abschnitt gezeigt, daß jede nichtlineare Systemeigenschaft, die eine zusätzliche Phasennacheilung zur Folge hat, geeignet ist, eine Dauerschwingung zu verursachen. Betrachtet man den Geschwindigkeitsregelkreis nun auch im Geschwindigkeitsnullpunkt, so muß die nichtlineare Kennlinie seiner Regelstrecke mit berücksichtigt werden (vgl. Bild 3-10). Nähert man diese durch die Kennlinie eines Glieds mit Unempfindlichkeit an, wobei aus Bild 3-10 ein bezogener Wert der Unempfindlichkeit von etwa

$$\frac{U_{1u}}{U_{max}} = 0,02$$

entnommen wird, so kommt man zu dem in <u>Bild 3-31</u>, oben, gezeigten Blockschaltbild des Geschwindigkeitsregelkreises. Dabei wird gegenüber der ursprünglichen in Bild A-04 gezeigten Struktur (s. ANHANG) nur die größte der Streckenzeitkonstanten, nämlich T_1 , berücksichtigt.

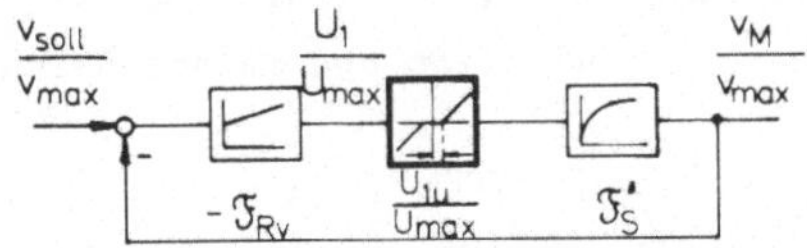

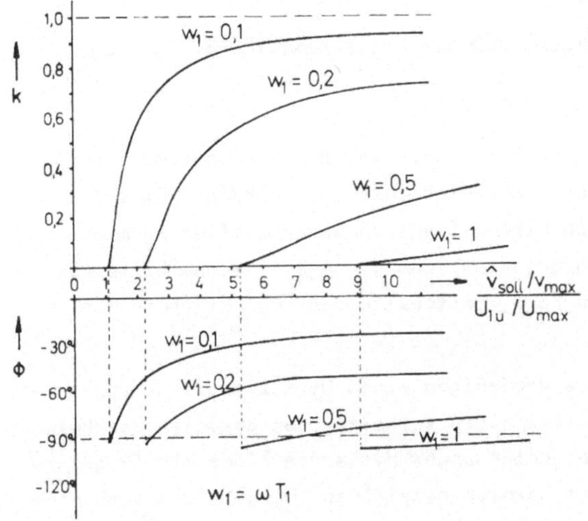

<u>Bild 3-31</u>: Blockschaltbild und Beschreibungsfunktion des (vereinfachten) Geschwindigkeitsregelkreises unter Berücksichtigung der Unempfindlichkeit in der Regelstrecke

Die Beschreibungsfunktion dieses Systems mußte, da in der Literatur nicht angegeben, berechnet werden. Aus Gl. (143) ergibt sich, unter Verwendung der Abkürzungen (145 a...d):

$$k = \frac{\sqrt{\left\{1 - w_1^2 d_{Rv}^*\left[1 - k_0^*(1+k_0^*)\right]\right\}^2 + \left\{w_1 d_{Rv}^*\left[1 + w_1^2 k_0^* d_{Rv}^*\right]\right\}^2}}{\left[1 - w_1^2 d_{Rv}^*\right]^2 + \left[w_1 d_{Rv}^* (1 + k_0^*)\right]^2} \qquad (102)$$

$$\Phi = \arctan \frac{-w_1 d_{Rv}^* \left[1 + w_1^2 k_0^* d_{Rv}^* \right]}{1 - w_1^2 d_{Rv}^* \left[1 - k_0^* (1 + k_0^*) \right]} \qquad (103)$$

wobei $\quad k_0^* = k_0 k_u \quad$ – $\quad$ wirksame Kreisverstärkung $\qquad$ (104a)

$\qquad\qquad w_1 = T_1 \omega \quad$ – $\quad$ Frequenzverhältnis $\qquad$ (104b)

$\qquad\qquad d_{Rv}^* = T_{Rv}^* / T_1 \quad$ – $\quad$ bezogene Reglerzeitkonstante $\quad$ (104c)

Dabei ist k_u die Amplitudenverstärkung des nichtlinearen Glieds
mit Unempfindlichkeit, sie errechnet sich wiederum aus seiner Beschreibungsfunktion:

$$k_u = 1 - \frac{2}{\pi} \arcsin \frac{U_{1u}}{\hat{U}_1} - \frac{2}{\pi} \frac{U_{1u}}{\hat{U}_1} \sqrt{1 - \left(\frac{U_{1u}}{\hat{U}_1}\right)^2} \qquad (105)$$

Man hat nun den Fall vorliegen, daß die Kreisverstärkung k_0^* wegen

$$k_u = f(\hat{U}_1)$$

von den Regelkreisparametern selbst sowie von der Eingangsamplitude
$\hat{v}_{soll}$ und vom jeweiligen Frequenzverhältnis w_1 abhängt. Es ist
deshalb schwierig, die Beschreibungsfunktion in expliziter Form an-
zugeben, und es wurde so vorgegangen, daß diese mit Rechnerhilfe aus
der vorliegenden impliziten Form ermittelt wurde. Das Ergebnis ist
in <u>Bild 3-31</u> dargestellt.

Es zeigen sich Verläufe, die demjenigen eines Hystereseglieds ähneln –
von daher könnte man das nichtlineare Verhalten des gesamten Geschwindigkeitsregelkreises als dasjenige eines Hystereseglieds mit frequenz-
abhängigem Unempfindlichkeitsbereich bezeichnen. Dieser läßt sich einfach mit Hilfe Gl. (139) berechnen:

$$\frac{v_{usoll}}{v_{max}} = \frac{1}{|\mathfrak{I}_{Rv}|} \frac{U_{1u}}{U_{max}} = \frac{1}{k_{Rv}} \frac{w_1 d_{Rv}}{\sqrt{1 + w_1^2 d_{Rv}^2}} \qquad (106)$$

wobei $\quad w_1 = \omega T_1 \qquad$ – Frequenzverhältnis

$\qquad\qquad d_{Rv} = T_{Rv} / T_1 \quad \left. \begin{array}{c} \\ \\ \end{array} \right\}$ – Reglerparameter

$\qquad\qquad k_{Rv}$

Für $w_1 = 0$ ist die Unempfindlichkeit bzw. Hysteresebreite gleich
Null (vgl. Kennlinie des Geschwindigkeitsregelkreises, Bild 3-09 !).

Von entscheidender Bedeutung ist wieder, daß als Folge der Nichtlinearität eine zusätzliche Phasennacheilung im Lageregelkreis auftritt, die, wie in obigem Abschnitt erläutert, geeignet ist, eine
Dauerschwingung im Geschwindigkeitsnullpunkt hervorzurufen bzw. zu
unterstützen.

Es ist zu vermuten, daß noch weitere Ursachen an der Entstehung
der betrachteten Dauerschwingung beteiligt sind, mit den beiden behandelten dürften jedoch die wesentlichen erfaßt sein.

3.7.3 Maßnahmen zur Verminderung der Dauerschwingung

Aus den obigen Betrachtungen kann gefolgert werden, daß alle Maßnahmen, die eine Phasenvoreilung gegenüber dem gegebenen Phasengang des Lageregelkreises bewirken, die Dauerschwingung im Geschwindigkeitsnullpunkt verringern müssen. Dagegen werden Maßnahmen, die
eine weitere Phasennacheilung bringen - wie z.B. zusätzliche Zeitverzögerungen - das Gegenteil zum Ergebnis haben.

Um die gewünschte Verbesserung des Phasengangs zu erzielen, können
zwei Maßnahmen in Betracht gezogen werden, wenn man davon ausgeht,
daß am Zeitverhalten des Fühlers, des Antriebs und des Spindel-
Schlitten-Systems nichts mehr zu ändern ist.

a) Begrenzung der Verstärkung des I-Glieds in der Regeleinrichtung
   (Ersatz durch ein Verzögerungsglied 1. Ordnung hoher Verstärkung)
b) Einbau eines Differentialanteils in den Regelkreis

Obwohl Maßnahme a) sehr geeignet wäre, da der Phasengang des offenen Regelkreises nicht bei -180° sondern bei -90° beginnen würde,
muß sie doch ausscheiden, da dadurch wieder eine proportionale Abhängigkeit von Tasterauslenkung und Verfahrrichtung auftreten würde.
Dagegen ist Maßnahme b) ohne weiteres zu realisieren. Dazu wurde
parallel zum Sollwert-Eingangswiderstand der Geschwindigkeitsregler
eine Kapazität C_D gelegt. Der Führungsfrequenzgang des Geschwindigkeitsregelkreises wird dann bei alleiniger Berücksichtigung der
Zeitkonstanten T_1 in der Strecke [vgl. Gl. (143) und Bild A-04 im
Anhang]:

$$\mathfrak{J}_A' = \frac{(1 + pT_{Rv})\,(1 + pT_D)}{1 + pT_{Rv}^*(1 + k_0) + p^2 T_1 T_{Rv}^*} \tag{107}$$

wobei $\quad T_D = C_D\,R_{esoll}$ – Differenzierzeitkonstante

$\quad\quad\quad\quad k_0 = k_S k_{Rv}\quad$ – Kreisverstärkung

$\quad\quad\quad\quad T_{Rv} = k_0\,T_{Rv}^*\quad$ – Reglerzeitkonstante

Die Schwingungsamplituden beider Schlitten wurden somit über der Zeitkonstanten T_D aufgenommen, das Ergebnis ist in <u>Bild 3-32</u> dargestellt. Es zeigt sich, daß mit Einführung des Differentialanteils die Schwingungsamplitude zunächst deutlich abnimmt, ab einem gewissen Wert von T_D jedoch wieder anwächst. Aufgrund dieses Meßergebnisses wurden in jeder Achse die Differenzierzeitkonstanten so gewählt, daß die Amplitude der Dauerschwingung minimal war.

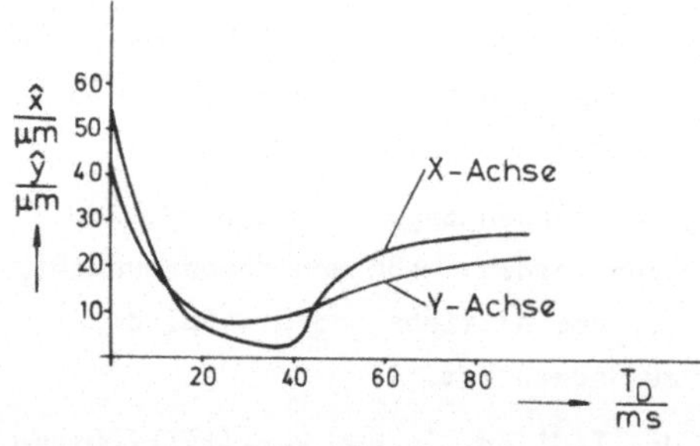

<u>Bild 3-32</u>: Abhängigkeit der Amplitude der Dauerschwingung in beiden Achsen von der Differenzierzeitkonstanten (Messung)

Fernerhin wurde versucht, durch Einführung eines Unempfindlichkeitsbereichs vor dem Integrierer in der Regeleinrichtung die Dauerschwingung zum Verschwinden zu bringen. Sinn dieser Maßnahme war, den Signalfluß über den Integrierer in einem gewissen Bereich $\pm s_u$ dessen Größe der Umkehrspanne entsprechen sollte, zu unterbrechen und damit die Lageregelung in diesem Bereich zu einer solchen vom Typ 1 zu "degradieren". Der Nachteil dieser Maßnahme, daß die Regelgröße s in einem Bereich $s = s_0 \pm s_u$ schwanken würde, hätte in Kauf genommen werden können. Es zeigte sich jedoch, daß der beabsichtigte Effekt nur bei kleinen eingestellten Geschwindigkeitsverstärkungen eintrat, jedoch nicht z.B. bei der Einstellung nach dem ITAE-Kriterium, bei der ein relativ hoher Wert der Geschwindig-

keitsverstärkung vorgeschrieben ist. Als Grund erwies sich, daß
ab einer gewissen Geschwindigkeitsverstärkung die Dauerschwingung
auch bei der Lageregelung ohne Integrierer in der Regeleinrichtung , also bei der Lageregelung vom Typ 1, auftrat. Von der Anwendung dieser Methode wurde somit abgesehen.

3.8   Konturabweichungen

3.8.1 Aufteilung nach Ursachen

Man kann bei Nachformwerkzeugmaschinen zwischen drei Arten von Konturabweichungen am Werkstück unterscheiden (vgl. Bild 2-07):

a) Abweichungen, die bereits bei der Abtastung des Nachformmodells
    entstehen (fehlerbehaftete Führungsgrößenerzeugung)
b) Abweichungen, die durch die Tasterauslenkung bedingt sind
    (fehlerbehaftete Istgrößenerzeugung bzw. Lageregelung)
c) Abweichungen, die aus Veränderungen der Konfiguration des Werk-
    zeugs zum eigentlich lagegeregelten Teil, nämlich dem Fühlerge-
    häuse entstehen (maschinenbedingte Fehler)

Die unter a) genannten Abweichungen bewirken, daß bereits die Bahn
des Tasters von der Sollbahn abweicht (vgl. Bild 2-05). Es kommen
folgende Ursachen in Betracht:

    Abweichung der Tastergeometrie von der Werkzeuggeometrie (wo-
    bei allerdings von gewollten Abweichungen noch die Rede sein
    wird).
    Taster "springt", verläßt also kurzzeitig das Nachformmodell.

Es ist vor allem eine Aufgabe der Fühlerkonstruktion, diese Fehler
zu vermeiden.

Die mit der Lageregelung zusammenhängende Abweichung b) wird im folgenden Abschnitt 3.8.2 gesondert behandelt.

Damit hätte man, wenn das Werkzeug in jeder Hinsicht starr mit dem
Fühlergehäuse verbunden wäre, so wie es bislang aus Gründen der Anschaulichkeit angenommen worden war, die Arten der Abweichungen vollständig aufgezählt. Tatsächlich treten jedoch in der Konfiguration
des Werkzeugs zum Fühlergehäuse Veränderungen auf. Da diese außerhalb

der Lageregelkreise auftreten, können sie von diesen nicht kompensiert werden. Als Ursachen kommen in Betracht

thermisch bedingte Längenänderungen und Verlagerungen,

Bearbeitungskräfte, die wegen der endlichen Steifigkeit der Werkzeugmaschine wiederum Verlagerungen, Verkantungen usw. hervorrufen

sowie Werkzeugverschleiß.

3.8.2 <u>Konturabweichungen, die von der Tasterauslenkung herrühren</u>

Die Tasterauslenkung setzt sich im vorliegenden Fall aus einem konstanten Anteil $s_0 = s_{soll}$ und einem bei Richtungsänderungen auftretenden Anteil Δs, der Regelabweichung, zusammen. Daneben kann, wie gezeigt werden wird, jedoch auch dann, wenn sich die Richtung nicht ändert, eine Abweichung Δs_0 vom eingestellten Wert $s_0 = s_{soll}$ auftreten. Die gesamte Tasterauslenkung setzt sich somit zusammen aus

$$s = s_0 + \Delta s_0 + \Delta s \tag{108}$$

Der konstante Anteil s_0 kann bei der vorliegenden Nachformeinrichtung in einem Bereich

$$0 < s_0 < s_{max} \tag{109a}$$

eingestellt werden (wobei $s_0 = 0$ aus naheliegenden Gründen ausgeschlossen ist). Um bei auftretenden dynamischen Änderungen genügend Spielraum zu haben, ist es zweckmäßig, die Einstellung weiter auf einen Bereich

$$\frac{s_{max}}{4} < s_0 < \frac{3\,s_{max}}{4} \tag{109b}$$

einzugrenzen. Diese konstant bleibende Abweichung bewirkt, daß die Istbahn äquidistant zur Sollbahn verläuft. Sie kann deshalb leicht dadurch kompensiert werden, daß der Radius des Tasters um den Betrag dieser konstanten Abweichung größer ausgeführt wird als der Radius des Werkzeugs. In den Fällen eines sehr kleinen Tastradius (vgl. Bild 2-06) muß allerdings diese Abweichung bereits bei der Erstellung des Nachformmodells berücksichtigt werden.

Die eigentlichen Konturabweichungen entstehen somit durch die Abweichungen Δs_0 und Δs vom eingestellten Wert $s_0 = s_{soll}$. Als Ursache für eine Abweichung Δs_0 kommt eine fehlerbehaftete Übertra-
gung der Tasterauslenkung in das Fühlerausgangssignal in Frage, d.h.
insbesondere in diesem Falle eine (mit $\vartheta = 2\pi$ periodische) Richtungsabhängigkeit der Fühlerverstärkung. In solchen Fällen ist also

$$k_F = f\,(\vartheta)$$

wobei ϑ der Winkel der Tasterauslenkung ist. Da sich dieser Winkel
vom Verfahrwinkel α konstant um 90° (bei Vernachlässigung der Reibung zwischen Taster und Schablone) unterscheidet, ist dann auch

$$k_F = f\,(\alpha)$$

Da nun nicht die Tasterauslenkung direkt, sondern die Fühlerausgangs-
spannung auf einen Festwert geregelt wird, entstehen dadurch richtungsabhängige Konturabweichungen.

Weiterhin tritt, je nach der Verfahrrichtung, ein unterschiedliches
dynamisches Verhalten der Lageregelung auf, da die Fühlerverstärkung direkt in die Geschwindigkeitsverstärkung eingeht. Es ist eine
Aufgabe der Fühlerkonstruktion bzw. bei elektrischer Betragsbildung
des Schaltungsentwurfs, diese Richtungsabhängigkeit in engen Grenzen
zu halten.

Im Gegensatz zu den soweit betrachteten Abweichungen s_0 und Δs_0
kann die Regelabweichung Δs weder kompensiert noch überhaupt ver-
mieden werden. Sie tritt dann auf, wenn sich die Richtung der Bahngeschwindigkeit ändert, wenn also die Vorschubantriebe ihre Geschwindigkeiten in positivem oder negativem Sinne ändern. Man unterscheidet zweckmäßigerweise zwischen einem bleibenden und einem verschwin-
denden Anteil dieser Regelabweichung. Für den Fall einer konstanten
Änderung der Verfahrrichtung läßt sich die bleibende Regelabweichung [*)]
wie folgt berechnen. Aus Gl. (37) leitet sich durch Differentiation
ab:

$$\frac{1}{2\pi}\,\frac{d\alpha_{soll}}{dt} = \frac{1}{T_R}\,\frac{(s) - s_{soll}}{s_{max}} \qquad (110a)$$

[*)] Theoretisch könnte auch in diesem Fall einer konstanten Beschleunigung die Regelabweichung bei Einsatz einer Lageregelung
vom Typ 3 zum Verschwinden gebracht werden, jedoch wäre damit
ein sehr schlechtes dynamisches Verhalten zu erwarten.

Wenn man unterstellt, daß die Frequenz, mit welcher die Richtungsänderung erfolgt, klein gegenüber den Grenzfrequenzen von Fühler
und Antrieb ist, so kann auch gesagt werden, daß

$$\frac{1}{2\pi}\frac{d\alpha}{dt} = \frac{1}{T_R}\frac{s - s_{soll}}{s_{max}} = \frac{1}{T_R}\frac{\Delta s}{s_{max}} \tag{110b}$$

Daraus zeigt sich klar die Verknüpfung von Richtungsänderung und
Regelabweichung Δs. Betrachtet man als spezielles Beispiel das Nachformen einer Kreiskontur nach Abklingen aller Einschwingvorgänge, wobei das Werkzeug einen Kreis mit Radius R beschreiben soll, so erhält man wegen

$$\frac{d\alpha}{dt} = \omega = \frac{v_{BO}}{R} \tag{111}$$

$$\text{die Beziehung} \qquad \frac{\Delta s}{s_{max}} = \frac{v_{BO}}{R}\frac{T_R}{2\pi} \tag{112}$$

Führt man nun in diese Gleichung die von den Antrieben aufgebrachte
Beschleunigung

$$a = R\omega^2 = \frac{v_{BO}^2}{R} \tag{113}$$

ein, sowie die mit Gl. (56b) beschriebene Geschwindigkeitsverstärkung
(mit $k_{FGO} = 2\pi$), so erhält man

$$\Delta s = a\frac{T_R}{k_v} \tag{114}$$

Schließlich kann man, entsprechend der Geschwindigkeitsverstärkung,
eine Beschleunigungsverstärkung

$$k_a = \frac{k_v}{T_R} \tag{115}$$

definieren und kommt damit zu der einfachen Beziehung, die generell
für Lageregelungen vom Typ 2 gilt:

$$\Delta s = \frac{a}{k_a} \tag{116}$$

Die transienten, d.h. die Einschwingvorgänge und die dadurch ent-
stehenden Konturabweichungen könnten dagegen praktisch nur mit Hilfe

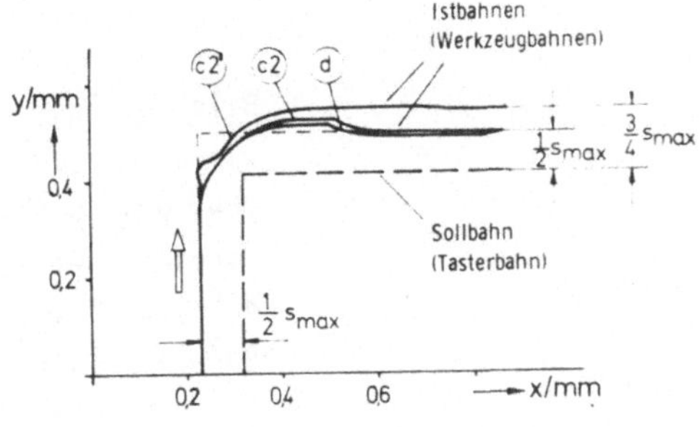

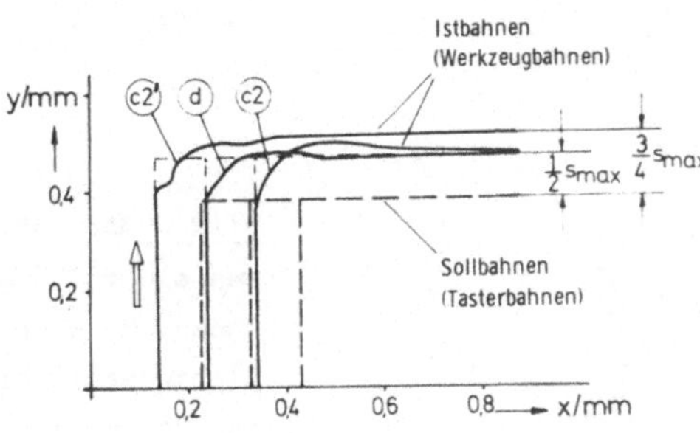

Bild 3-33: Fahren einer in den Maschinenachsen liegenden 90°-Innenecke bei verschiedenen Einstellungen (im Bild unten Ecke in x-Richtung versetzt)

des Analogrechners berechnet werden. Aus diesem Grund wurden für einige typische Fälle die Istbahnen direkt gemessen und auf dem Schirm eines Kathodenstrahl-Oszillographen aufgezeichnet (**Bilder 3-33, -34 und -35**). Als geeigneter Fall wurde wegen der einfach definierten Sollbahn das Fahren einer Innenecke angesehen. Da zu erwarten war, daß die Nichtlinearitäten der Lageregelung, insbesondere die Umkehrspanne, einen wesentlichen Einfluß auf den Verlauf der Istbahn ausüben würde, wurden folgende drei Fälle gemessen:

90°-Innenecke, Y-Antrieb wird von $v_y = v_{BO}$ auf $v_y = 0$ abgebremst, X-Antrieb wird von $v_x = 0$ auf $v_x = v_{BO}$ beschleunigt.

90°-Innenecke, Y-Antrieb verändert seine Geschwindigkeit von $v_y = v_{BO}/\sqrt{2}$ auf $v_y = -v_{BO}/\sqrt{2}$, X-Antrieb behält seine Geschwindigkeit $v_x = v_{BO}/\sqrt{2}$ bei.

135°-Innenecke, es treten keine Vorzeichenwechsel der Geschwindigkeiten auf, außerdem sind immer $v_x \neq 0$ und $v_y \neq 0$.

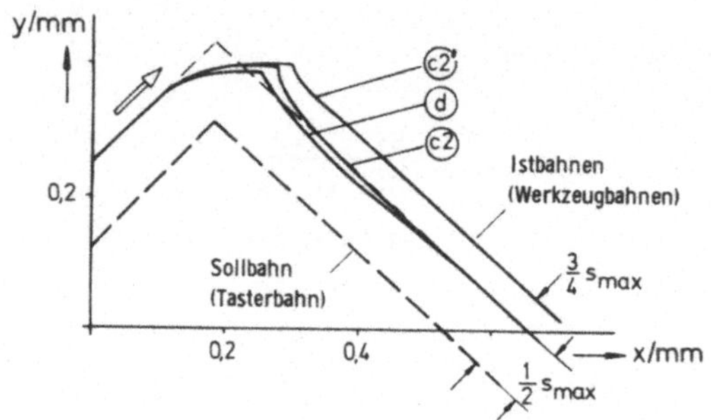

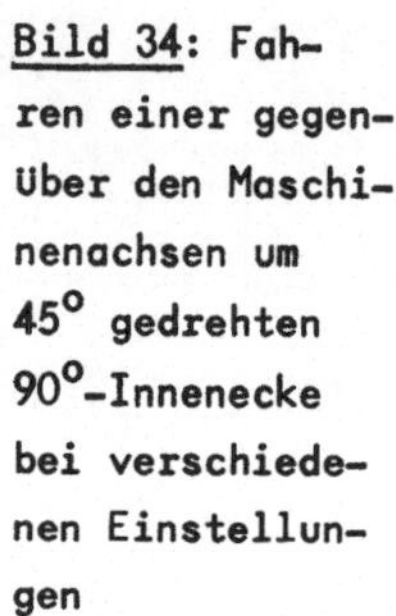

Bild 34: Fahren einer gegenüber den Maschinenachsen um 45° gedrehten 90°-Innenecke bei verschiedenen Einstellungen

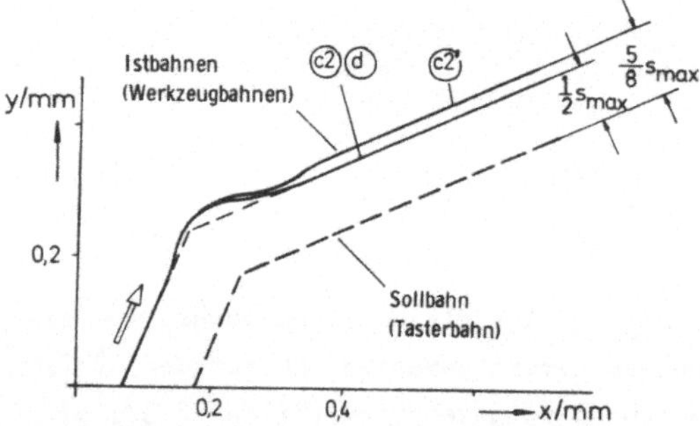

Bild 3-35: Fahren einer 135°-Innenecke ohne Richtungsumkehr der Vorschubgeschwindigkeiten bei verschiedenen Einstellungen

An den letzten Fall knüpft sich die Erwartung, daß hierbei die nichtlinearen Einflüsse nicht in Erscheinung treten. Die in den Bildern gezeigten Verläufe der Istbahnen sind jeweils für drei Einstellungen der Lageregelkreise aufgenommen worden:

Einstellung c2 nach ITAE-Optimierung auf Anstiegserregung

Einstellung c2 , jedoch mit 10-fach vergrößerter Reglerzeitkonstante, in den Bildern mit c2' gekennzeichnet. (Das System verhält sich im dargestellten Bereich wie dasjenige ohne Nachstellung der Vorzugsrichtung).

Einstellung d nach der Binomial-Koeffizientenverteilung

In allen Fällen war s_{max} = 175 µm und s_0 = 0,5 s_{max} fest vorgegeben, die Geschwindigkeitsverstärkung mußte demnach über die Bahngeschwindigkeit eingestellt werden, wobei sich folgende Werte ergaben:

$$\text{Einstellung} \quad c2 : \quad v_{BO} = 145 \text{ mm/min}$$
$$\text{Einstellung} \quad d \; : \quad v_{BO} = 46 \text{ mm/min}$$

Bei Kenntnis des Zahlenwertes von s_0 läßt sich die jeweilige Bahn des Tastermittelpunktes, also die Sollbahn, in den Bildern mit angeben.

Wie <u>Bild 3-33</u> zeigt, treten beim Eckenfahren ähnliche Verläufe der Istbahn wie in Bild 2-16 für das Nachformsystem mit festliegender Vorzugsrichtung gezeigt auf. Der Unterschied ist nun eben der, daß die Istbahn wieder auf die eingestellte Äquidistante einschwenkt.

Die Nichtlinearitäten der Lageregelung wie Umkehrspanne und Unempfindlichkeit der Regelstrecke im Geschwindigkeitsregelkreis machen sich durch typische "Nachsetzbewegungen" bemerkbar, also durch mehr oder weniger ruckartige Bahnveränderungen [44,45] . Wie erwartet, zeigen sie sich nicht bei der 135°-Ecke.

3.8.3 <u>Folgerungen für die Einstellung der Lageregelkreise</u>

Aufgabe dieses Abschnitts war es nachzuweisen, daß eine Einstellung innerhalb des in 3.6 gefundenen günstigen Einstellbereichs auch beim Zusammenwirken zweier Lageregelkreise, also beim Konturfahren, gute Ergebnisse bringt. Mit den aufgenommenen Istbahnverläufen konnte dies bestätigt werden. Darüber hinaus zeigte sich jedoch auch die Richtigkeit des Hinweises, nach Möglichkeit eine Einstellung nach dem ITAE-Kriterium vorzunehmen. Vergleicht man die Verläufe der Istbahnen bei den Einstellungen c2 und d , so stellt man fest, daß diese sich - obwohl die Einstellung c2 sehr viel "härter" ist - kaum unterscheiden. Man kann dies so erklären, daß bei der "weichen" Einstellung zwar eine langsamer verlaufende Regelschwingung auftritt, die jedoch, da auch mit niedrigerer Bahngeschwindigkeit gefahren wird, zu einer gleich langen Schwingung im Weg führt. In Fällen, in welchen eine hohe Genauigkeit gefordert wird, wäre es also nicht richtig, die Bahngeschwindigkeit allein und damit die Geschwindigkeitsverstärkung herabzusetzen. Richtig wäre es vielmehr, eine

möglichst hohe Geschwindigkeits- bzw. Beschleunigungsverstärkung
(z.B. gemäß Einstellung c2) zu wählen und nun innerhalb der Geschwindigkeitsverstärkung die Bahngeschwindigkeit zugunsten einer
höheren Fühlerempfindlichkeit zu vermindern.

Vergleicht man diese Gegebenheiten mit denen der Lageregelung einer
numerisch bahngesteuerten Werkzeugmaschine, so gilt hier ebenfalls,
daß die Geschwindigkeitsverstärkung aus Gründen der Genauigkeit so
hoch wie vom Regelverhalten erlaubt eingestellt werden soll. Da hier
jedoch die Bahngeschwindigkeit nicht in die Geschwindigkeitsverstärkung eingeht, führt die Verminderung der Bahngeschwindigkeit immer
auch zu einer Verminderung der Konturabweichung.

3.9   Dimensionierungsrichtlinien für die Lageregelung (Zusammen-fassung)

Zunächst gelten die folgenden allgemeinen Dimensionierungsricht-
linien für stetige Lageregelkreise an Werkzeugmaschinen:

a)   Die Zeitverzögerungen im Lageregelkreis sollen so klein wie möglich sein, damit eine hohe Geschwindigkeitsverstärkung bzw.,
beim Lageregelkreis vom Typ 2, Beschleunigungsverstärkung eingestellt werden kann.

b)   Die den Elementen anhaftenden nichtlinearen Eigenschaften wie
Umkehrspannen und Unempfindlichkeiten müssen durch entsprechende
konstruktive Maßnahmen so weit als möglich abgeschwächt werden.

Darüber hinaus können aus den obigen Untersuchungen folgende Richt-
linien zusammengefasst abgeleitet werden:

c)   Die Einstellung der Reglerparameter erfolgt am besten nach dem
ITAE-Optimierkriterium. Die Geschwindigkeits- und Beschleunigungsverstärkung ergibt sich dabei in einem vorgeschriebenen Verhältnis zur Eck- oder Eigenfrequenz des dominierenden Verzögerungsglieds, d.h. meistens des Vorschubantriebs.

d)   Die Fühlerempfindlichkeit und die Bahngeschwindigkeit gehen in
die Geschwindigkeitsverstärkung ein. Es ist deshalb zu fordern,
daß die Einstellungen beider Größen so miteinander gekoppelt sind,
daß der vom Optimierkriterium vorgeschriebene Wert der Geschwindigkeitsverstärkung in jedem Fall eingehalten bleibt.

e) Eine um den Nullpunkt auftretende Regelschwingung wird durch
Nichtlinearitäten verursacht. Sie kann durch Maßnahmen, die
eine Phasenvoreilung im Lageregelkreis bewirken, vermindert
werden, so etwa durch Einführung eines Differentialanteils.
Die Einstellung der Differenzierzeitkonstanten erfolgt am besten empirisch.

Bezüglich der Regelkreisglieder ergaben sich folgende besondere
Forderungen:

f) Fühler: Bei der Konstruktion des Fühlers ist auf hohe Eigenfrequenz des beweglichen Tastsystems zu achten. Es hat sich
weiterhin bei den Untersuchungen herausgestellt, daß bei Feh-
len einer zusätzlichen Dämpfung des Tastsystems eine Ratterschwingung des Tasters auftreten kann. Die Dämpfung wurde deshalb durch eine Füllung des Fühlergehäuses mit Siliconöl erhöht. Eine weitere Maßnahme, diese Ratterschwingung zu verhin-
dern, besteht in der Verminderung der Reibung zwischen Taster
und Nachformmodell.

An die Betragsbildung richtet sich die Forderung, daß die Fühlerverstärkung konstant bei jeder Richtung der Tasterauslenkung
ist. Bei elektrischer Betragsbildung ist beim Schaltungsentwurf
darauf zu achten, daß durch eingebaute Glättungsglieder das Zeitverhalten des Fühlers nicht soweit verschlechtert wird, daß seine Zeitverzögerung im Lageregelkreis spürbar wird.

g) Funktionsgeber: Als günstig stellte sich eine Annäherung der sin-
cos-Funktionen durch die in Bild 2-27, Mitte, gezeigte Trapezform heraus. Die richtungsabhängige Schwankung der Bahngeschwindigkeit ist hierbei auf ein Minimum reduziert. Ferner ergibt
sich als Vorteil gegenüber der exakten Nachbildung der sin-cos-
Funktionen, daß bei gleicher zulässiger Geschwindigkeitsverstärkung mit höherer Bahngeschwindigkeit nachgeformt werden kann.

h) Vorschubantriebe: Die Antriebe verursachen in der Regel die Haupt-
zeitverzögerung in den Lageregelkreisen. Deshalb richtet sich
die erstgenannte Forderung a) zunächst an sie. Da meistens die
Vorschubmotoren selbst den dominierenden Anteil zum Gesamtträgheits-
moment beitragen, müssen trägheitsarme Ausführungen eingesetzt

werden. Selbstverständlich müssen dann auch die zugehörigen Stell-
verstärker reaktionsschnell sein. Aus diesem Grund wurde z.B.
die Ansteuerung der Servoventile mit mehrfacher Schnellerregung
der Magnetspulen ausgeführt.

Als wichtige Forderung erwies sich weiterhin, daß die Unempfind-
lichkeitsbereiche der Antriebe, auch bei Vorhandensein einer
Proportional-Integral-Regelung, klein sein müssen, da sie für
eine um den Nullpunkt auftretende Regelschwingung mit verantwortlich sind. Dies bedeutet wiederum, daß die Losbrechmomen-
te klein sein müssen und daß im Falle eines hydraulischen Antriebs nur geringe Leckölverluste auftreten dürfen. Aus diesem
Grunde wurde von der Möglichkeit, die Dämpfung des Motors durch
eine parallel geschaltete Drossel zu erhöhen, kein Gebrauch gemacht.

Weitere Dimensionierungshinweise, die die Geschwindigkeitsregelkreise betreffen, werden im Anhang gegeben.

i) Mechanisches Übertragungssystem: Als Nichtlinearität, die das
Verhalten des Lageregelkreises am stärksten im Sinne einer Ver-
schlechterung beeinflußt, zeigte sich die Umkehrspanne des mechanischen Übertragungssystems. Sie setzt sich aus vorhandenen
Losen und, zum größeren Teil, aus der Auffederung des mechanischen Systems zusammen. Es ist wieder eine Aufgabe der Konstruktion, durch steife Gestaltung der Maschinenelemente und durch
Verminderung der Reibung die Größe der Umkehrspanne mindestens
auf den Bereich einzuschränken, der als Toleranz am Werkstück zu-
lässig ist.

4. Zusammenfassung

Bei der fast unübersehbaren Fülle der Ausführungsformen von Nachformeinrichtungen schien es zunächst zweckmäßig zu sein, einige
wichtige allgemeine Ordnungsgesichtspunkte festzulegen. Diese ergeben sich aus der Aufteilung in ein- und zweiachsige, stetige und unstetige Systeme sowie in Systeme mit Lageregelungen vom Typ 1 und solchen vom Typ 2. Für zweiachsige Nachformeinrichtungen kommen noch weitere Gesichtspunkte hinzu, insbesondere die Art der Stellgrößenermittlung. Darunter wird die Ermittlung des Bahngeschwindigkeits-
vektors aus Betrag und Richtung des Vektors der Tasterauslenkung,
aus der Richtung allein oder aus dem Betrag allein verstanden. Die
beiden erstgenannten Fälle sind dabei praktisch dieselben, so daß
die alleinige Unterscheidung in Auswertung der Richtung oder des Betrags der Tasterauslenkung gerechtfertigt ist.

Es wurde dann die Wirkungsweise einiger neuerer und auch, um die
Entwicklung aufzuzeigen, älterer zweiachsiger Nachformeinrichtungen
beschrieben, wobei die zuvor gefundenen Ordnungsbegriffe Anwendung
fanden.

Der zweite Teil der Arbeit befasst sich mit der Untersuchung der
Lageregelung einer zweiachsigen Nachformeinrichtung, bei welcher
der Betrag der Tasterauslenkung ausgewertet wird. Das erste Ziel
war dabei die Aufstellung des Blockschaltbilds und die Ermittlung
des Zeitverhaltens der einzelnen Glieder. Das Blockschaltbild ist
mit den von der Funktion her nötigen Nichtlinearitäten der Betragsbildung und der sin-cos-Funktionsbildung behaftet, man kann jedoch
linearisieren und kommt zu einem Lageregelkreis vom Typ 2. Es zeigt
sich mit Gl. (56b), daß in diesem Fall die Geschwindigkeitsverstärkung direkt von der Bahngeschwindigkeit und von der Fühlerempfindlichkeit abhängt.

Das weitere Ziel war, eine Aussage über eine günstige Einstellung
machen zu können. Dazu wurden verschiedene in der Regelungstechnik
gebräuchliche Optimierverfahren angewandt und die Ergebnisse miteinander verglichen. Als recht günstig erwies sich dabei die Einstellung
nach dem ITAE-Kriterium. Dies wurde auch durch Aufnahme der Bahnen
des Istpunktes bei verschiedenen Einstellungen bestätigt.

Als nicht zu vernachlässigendes Problem erwies sich das der Nichtlinearitäten, die sich aus gewissen, den Geräten anhaftenden Mängeln
ergeben. Insbesondere zeigt sich im vorliegenden Fall eine Dauerschwingung der Lageregelung im Geschwindigkeitsnullpunkt, die offenbar durch diese Nichtlinearitäten hervorgerufen wird. Nachdem gezeigt
wurde, daß diese Schwingung beim Lageregelkreis vom Typ 2 zwangsläufig auftritt und nachdem als Ursachen die Umkehrspanne des Spindel-Schlitten-Systems und die Unempfindlichkeit der Regelstrecke im
Geschwindigkeitsregelkreis festgestellt waren, wurden Maßnahmen
untersucht, die Amplitude dieser Dauerschwingung herabzusetzen.

Als Abschluß der Arbeit wurden die Dimensionierungshinweise, die
sich aus den Untersuchungen ergaben, zusammengefaßt dargestellt.

ANHANG
======

A   Zeitverhalten des Geschwindigkeitsregelkreises

Um den Gang der obigen, auf die Lageregelung bezogenen Abhandlung
nicht zu stören, wurde der Antrieb zunächst als ein Block, gekennzeichnet durch ein bestimmtes Zeitverhalten (vgl. Bild 3-17) und
eine bestimmte Kennlinie (vgl. Bild 3-09), betrachtet. Die folgenden Ausführungen befassen sich nun vertieft mit den Eigenschaften
des Geschwindigkeitsregelkreises. Es wird an die Bemerkungen des
Abschnitts 3.3.1 über die Anwendbarkeit der Frequenzgangmethode er-
innert, die auch hier gelten.

Die Einführung unterlagerter Geschwindigkeitsregelkreise war notwendig, um die Auswirkungen von Störgrößen und von Langzeitände-
rungen in den hydraulischen Antrieben, wie Nullpunktverschiebungen
und Verstärkungsschwankungen, zu reduzieren. Weiterhin sollte damit eine lineare Kennlinie der Vorschubantriebe erreicht werden,
nachdem sich gezeigt hatte, daß die Kennlinie des ungeregelten Antriebs mit Nichtlinearitäten behaftet war (vgl. Bild 3-10).

A 1 Struktur der Regelstrecke

Der Aufbau des Geschwindigkeitsregelkreises war in Bild 3-08 gezeigt worden. Als Regelstrecke soll die Teilstrecke zwischen dem
Ort des Eingreifens in den Energiefluß (Steuerblenden des Servoventils) und dem Ort des Auftretens der Regelgröße (Motorwelle)
bezeichnet werden. Um eine Begründung für die später gewählte Art
und Weise der Frequenzgangmessung zu liefern, wird zunächst die
Struktur dieser Regelstrecke betrachtet.

Dazu wird in Bild A-01 ein Ersatzbild der Regelstrecke aufgestellt.
Eingangsgröße ist die bezogene Öffnungsweite der Steuerblenden,
hier mit ε bezeichnet ("Aussteuerungsgrad" des Servoventils), Aus-
gangsgröße ist die bezogene Winkelgeschwindigkeit Ω/Ω_{max} der
Motorwelle. Für die Steuerblenden des Servoventils wird turbulente
Strömung angesetzt, während die äußeren und inneren Leckölverluste

durch diskrete Drosseln mit laminarer Strömung repräsentiert werden. Für das innere Lecköl wird außer dem druckproportionalen Anteil auch ein drehzahlabhängiger Anteil angesetzt, wobei dieser Zusammenhang vereinfacht ebenfalls als proportional angenommen wird.   *)
Eine weitere Vereinfachung besteht darin, daß das Motorreibmoment
als nur von der Drehzahl abhängig angenommen wird. Es wird unter-   **)
stellt, daß der Antrieb symmetrisch aufgebaut ist, daß also (vgl.
Bild A-01)

$$V_1 = V_2 = V_0/2 \qquad \text{und} \qquad C_{\ddot{a}1} = C_{\ddot{a}2} = C_{\ddot{a}} \qquad (117a,b)$$

ist. Ebenfalls wird unterstellt, daß die Öffnungsweiten der beiden
Steuerblenden zu jedem Augenblick gleich groß sind. Wegen der räum-
lich sehr kleinen Ausdehnung der Anordnung kann die Endlichkeit der
Fortpflanzungsgeschwindigkeit des Druckes unberücksichtigt bleiben.

Man kann somit unter diesen Voraussetzungen aus dem Ersatzbild
heraus die folgenden beschreibenden Gleichungen aufstellen, wobei
zur Vereinfachung auf Maximalwerte bezogen wird.

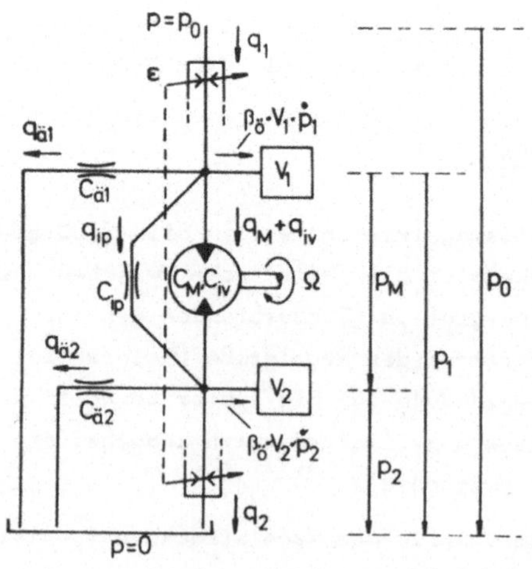

Bild A-01:
Ersatzbild der
Regelstrecke im
Geschwindigkeits-
regelkreis (Zustand
bei einer der beiden
Drehrichtungen des
Motors)

---

*) Tatsächlich besteht ein quadratischer Zusammenhang [49,50] ,
   im Bereich kleiner Drehzahlen ist jedoch offenbar eine lineare
   Annäherung erlaubt.

**) Es besteht eine weitere Abhängigkeit vom Summendruck
   $\Sigma p = p_1 + p_2$ [49,50] .

Durch Ansatz von $\Sigma q = 0$ für die beiden Verzweigungen erhält man zunächst die folgenden Gleichungen:

$$\frac{q_1}{q_{max}} = \frac{q_M}{q_{max}} + \frac{q_{ä1}}{q_{max}} + \frac{q_i}{q_{max}} + T_h \frac{d(p_1/p_0)}{dt} \qquad (118a)$$

$$\frac{q_2}{q_{max}} = \frac{q_M}{q_{max}} - \frac{q_{ä2}}{q_{max}} + \frac{q_i}{q_{max}} - T_h \frac{d(p_2/p_0)}{dt} \qquad (118b)$$

Die Durchflüsse sind dabei (abgeleitet aus Bernoulli-Gleichung [48]):

$$\frac{q_1}{q_{max}} = \sqrt{2}\, \varepsilon \sqrt{1 - \frac{p_1}{p_0}} \qquad (119a)$$

$$\frac{q_2}{q_{max}} = \sqrt{2}\, \varepsilon \sqrt{\frac{p_2}{p_0}} \qquad (119b)$$

gesteuerte Durchflüsse

$$\frac{q_{ä1}}{q_{max}} = k_{ä}\, \frac{p_1}{p_0} \qquad (120a)$$

$$\frac{q_{ä2}}{q_{max}} = k_{ä}\, \frac{p_2}{p_0}$$

äußeres Lecköl

$$\frac{q_i}{q_{max}} = \frac{q_{ip} + q_{iv}}{q_{max}} = k_{ip}\frac{p_1 - p_2}{p_0} + k_{iv}\frac{\Omega}{\Omega_{max}} \qquad \text{inneres Lecköl} \qquad (121)$$

$$\frac{q_M}{q_{max}} = \frac{\Omega}{\Omega_{max}} \qquad \text{Geschwindigkeitsumsetzung} \qquad (122)$$

Durch Ansetzen des Momentengleichgewichts am Motor erhält man

$$\frac{M_M}{M_{max}} = \frac{M_r}{M_{max}} + T_a \frac{d(\Omega/\Omega_{max})}{dt} \qquad (123)$$

Ein von außen kommendes Lastmoment bleibt unberücksichtigt.
Das Motor- und Reibmoment sind:

$$\frac{M_M}{M_{max}} = \frac{p_1 - p_2}{p_0} \qquad \text{Momentenumsetzung} \qquad (124)$$

$$\frac{M_r}{M_{max}} = f\left(\frac{\Omega}{\Omega_{max}}\right) \qquad \text{Reibungsmoment} \qquad {}^*) \qquad (125)$$

${}^*)$ Bei der vorliegenden Motorbauart ist ein der Stribeck-Kurve ähnlicher Verlauf zu erwarten [49,50] .

Für die Koeffizienten und Zeitkonstanten gilt:

$$T_h = \frac{\beta_ö \; p_0 \; V_0}{2 \; q_{max}} \qquad \text{hydraulische Zeitkonstante} \qquad (126a)$$

$$T_a = \frac{J \; \Omega_{max}}{M_{max}} \qquad \text{Anlaufzeitkonstante} \qquad (126b)$$

$$k_ä = \frac{C_ä \; p_0}{q_{max}} \qquad \text{Koeffizient des} \atop \text{äußeren Lecköls} \qquad (126c)$$

$$k_{ip} = \frac{C_{ip} \; p_0}{q_{max}} \qquad \text{Koeffizient des druckab-} \atop \text{hängigen inneren Lecköls} \qquad (126d)$$

$$k_{iv} = \frac{C_{iv} \Omega_{max}}{q_{max}} \qquad \text{Koeffizient des drehzahl-} \atop \text{abhängigen inneren Lecköls} \qquad (126e)$$

Dabei sind:

p_0 — Systemdruck

q_{max}— Volumenstrom, der bei Anstehen des System-
drucks am voll geöffneten Servoventil fließt,
d.h. bei $\varepsilon = 1$ und bei $p_M = p_1 - p_2 = 0$.

V_0 — gesamtes zwischen Servoventil und Motor ein-
geschlossenes "totes" Ölvolumen

$\beta_ö$ — Kompressionszahl für Öl

C_{ip} — Durchflußkonstante des druckabhängigen
inneren Lecköls

C_{iv} — Durchflußkonstante des drehzahlabhängigen
inneren Lecköls

$C_ä$ — Durchflußkonstante des druckabhängigen
äußeren Lecköls

Das Blockschaltbild der Regelstrecke ist in <u>Bild A-02</u> gezeigt.

Zur weiteren Behandlung des Systems werden die äußeren Leckölverluste vernachlässigt. Man kann dann für den stationären Fall
(gekennzeichnet durch den Index 0) ansetzen:

$$\frac{q_{10}}{q_{max}} = \frac{q_{20}}{q_{max}} \qquad \text{und} \qquad \frac{p_{10}}{p_0} + \frac{p_{20}}{p_0} = 1 \qquad (127a,b)$$

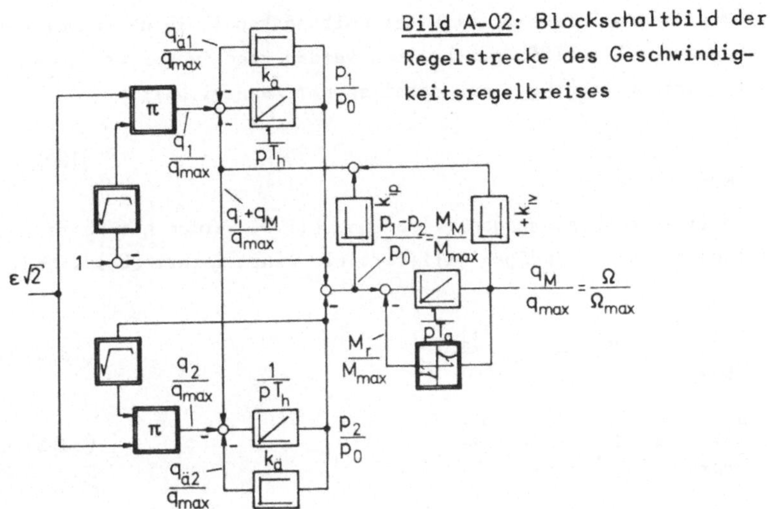

Bild A-02: Blockschaltbild der Regelstrecke des Geschwindigkeitsregelkreises

Der Unempfindlichkeitsbereich der Regelstrecke läßt sich nun aus dem Gleichgewichtszustand

$$\frac{M_r\big|_{\Omega=0}}{M_{max}} = \frac{M_{MO}}{M_{max}} \qquad \text{und} \qquad \frac{\Omega_0}{\Omega_{max}} = 0 \qquad (128a,b)$$

berechnen. Mit obigen Gleichungen erhält man:

$$\varepsilon_u = k_{ip}\,\frac{\dfrac{M_r\big|_{\Omega=0}}{M_{max}}}{\sqrt{1 - \dfrac{M_r\big|_{\Omega=0}}{M_{max}}}} \qquad (129)$$

wobei $M_r\big|_{\Omega=0}$ das Losbrechmoment des Motors ist.

Es zeigt sich hier eindeutig der bereits in 3.2.3 erwähnte Zusammenhang zwischen dem Unempfindlichkeitsbereich und dem Leckölverlust im Zusammenwirken mit einem bestimmten Losbrechmoment.

Um den Frequenzgang der Regelstrecke zu erhalten, wird das System in einem Arbeitspunkt, der durch

$$\varepsilon_0 > \varepsilon_u$$

gegeben ist, linearisiert. Im Bereich kleiner Drehzahlen kann mit einer abfallenden Charakteristik der Reibungskennlinie gerechnet werden, so daß für Gl. (125) geschrieben werden kann (wobei der Index 1 wieder kleine Abweichungen vom Arbeitspunkt kennzeichnet):

$$\frac{M_{r1}}{M_{max}} = -r \frac{\Omega_1}{\Omega_{max}} \tag{130}$$

Die nichtlinearen Gleichungen (119a) und (119b) werden mit Hilfe des Satzes der vollständigen Differentiale linearisiert [38] . Man erhält:

$$\frac{q_{11}}{q_{max}} = k_e \, \varepsilon_1 \; - \; k_p \, \frac{p_{11}}{p_0} \tag{131a}$$

$$\frac{q_{21}}{q_{max}} = k_e \, \varepsilon_1 \; + \; k_p \, \frac{p_{21}}{p_0} \tag{131b}$$

Für die Koeffizienten gilt mit Gl.(124) und Gl.(127b):

$$k_e = \left. \frac{\partial (q_1/q_{max})}{\partial \varepsilon} \right|_0 = \left. \frac{\partial (q_2/q_{max})}{\partial \varepsilon} \right|_0 = \sqrt{1 - \frac{M_{r0}}{M_{max}}} \tag{132a}$$

$$k_p = \left. \frac{\partial (q_1/q_{max})}{\partial (p_1/p_0)} \right|_0 = \left. \frac{\partial (q_2/q_{max})}{\partial (p_2/p_0)} \right|_0 = \frac{\varepsilon_0}{\sqrt{1 - \frac{M_{r0}}{M_{max}}}} \tag{132b}$$

Nach diesen Linearisierungen kann der Frequenzgang aus den obigen Gleichungen bestimmt werden:

$$\mathfrak{F}_S = \frac{\Omega_1/\Omega_{max}}{\varepsilon_1}$$

$$= \frac{2\,k_e}{\left[2(1+k_{iv}) - r(k_p + 2k_{ip})\right] + p\left[T_a(k_p + 2k_{ip}) - rT_h\right] + p^2 T_a T_h} \tag{133}$$

Es zeigt sich somit der Frequenzgang eines Verzögerungsglieds 2. Ordnung. Dies war zu erwarten, da zwei Energiespeicher vorhanden sind: die träge Masse des Motors und die durch die zwischen Servoventil und Motor eingeschlossenen Ölmengen gebildete Ölfeder.

Wenn man den Frequenzgang (133) auf die Normalform bringt, so kann für die Verstärkung, die Kennkreisfrequenz und den Dämpfungsgrad folgendes ausgesagt werden:

$$\left|\Im_S\right|_{p=0} = \frac{2\,k_e}{2(1+k_{iv}) - r(k_p + 2k_{ip})} \tag{134}$$

$$\omega_0 = \sqrt{\frac{2(1+k_{iv}) - r(k_p + 2k_{ip})}{T_a T_h}} \tag{135}$$

$$D = \frac{(k_p + 2k_{ip})\sqrt{(T_a/T_h)} - r\sqrt{(T_h/T_a)}}{2\sqrt{2(1+k_{iv}) - r(k_p + 2k_{ip})}} \tag{136}$$

Alle Kennwerte sind über k_e, k_p und r abhängig vom Arbeitspunkt. Besonders stark ist jedoch der Einfluß auf die Verstärkung und den Dämpfungsgrad. Setzt man in einer weiteren Vereinfachung $r = 0$, $k_{ip} = 0$ und $k_{iv} = 0$, so ergibt sich:

$$\left|\Im_S\right|_{p=0} = k_e = \sqrt{1 - \frac{M_{r0}}{M_{max}}} \tag{134a}$$

$$\omega_0 = \sqrt{\frac{2}{T_a T_h}} \tag{135a}$$

$$D = \frac{1}{2\sqrt{2}}\,k_p\sqrt{\frac{T_a}{T_h}} = \frac{1}{2\sqrt{2}}\sqrt{\frac{T_a}{T_h}}\,\frac{\varepsilon_0}{\sqrt{1 - \frac{M_{r0}}{M_{max}}}} \tag{136a}$$

Für Gl.(135a) kann auch mit

$$C_M = \frac{M_{max}}{p_0} = \frac{q_{max}}{\Omega_{max}} \tag{137}$$

wobei C_M das Schluckvolumen/rad des Motors ist, sowie mit den Gleichungen (126a) und (126b) angeschrieben werden:

$$\omega_0 = 2\,C_M\sqrt{\frac{1}{J\,\beta_ö\,V_0}} \tag{138}$$

In [49] war bereits nachgewiesen worden, daß ein Hydraulikmotor bei kleinen Drehzahlen wegen der abfallenden Charakteristik des Kennlinienfeldes instabil werden kann. Dieser Sachverhalt ist auch aus obiger Gl. (136) abzulesen. Darüber hinaus ergibt sich - wenn man, wie hier, die nichtlineare Eigenschaft der Steuerblenden im Servoventil mit berücksichtigt, daß auch von daher bei kleinen Aus-

steuerungen eine minimale Dämpfung des hydraulischen Antriebs zu
erwarten ist.

A 2   Zeitverhalten der Regelkreisglieder

A 2.1 Regelverstärker

Die Beschaltung des Regelverstärkers geht aus Bild 3-08 hervor.
Der Frequenzgang, vom Istwerteingang gesehen, ist:

$$\mathfrak{F}_{Rv} = \frac{U_1/U_{max}}{U_{TG}/U_{max}} = - \frac{R_k}{R_{eist}} \left(1 + \frac{1}{pC_k R_k} \right) = - k_{Rv} \left(1 + \frac{1}{pT_{Rv}} \right) \tag{139}$$

Nach Kriterien, die im folgenden erläutert werden, wurden folgende
Werte eingestellt:

$$k_{Rv} = 0,065 \qquad \text{und} \qquad T_{Rv} = 3,45 \text{ ms}$$

A 2.2 Korrekturnetzwerk

Die Schaltung des Korrekturnetzwerkes geht wieder aus Bild 3-08
hervor. Mit dessen Hilfe soll die an der Stelle der hydraulischen
Eigenfrequenz zu erwartende Resonanzüberhöhung im Frequenzgang
des offenen Geschwindigkeitsregelkreises abgeschwächt werden. Der
Frequenzgang des Netzwerkes ist, bei hochohmigem Abschlußwider-
stand:

$$\mathfrak{F}_{korr} = \frac{U_2/U_{max}}{U_1/U_{max}} = \frac{1 + pT_1}{1 + pT_3} \frac{1 + pT_2}{1 + pT_4} \tag{140}$$

wobei
$$T_1 = R_1 C_1 \quad , \qquad T_2 = R_q C_q \tag{140a,b}$$

$$T_{3,4} = \frac{1}{2} \left[\Sigma T \pm \sqrt{(\Sigma T)^2 - 4 \, T_1 T_2} \right] \tag{140c}$$

mit $\Sigma T = R_1 C_1 + R_1 C_q + R_q C_q$

Eingestellt wurden die Werte

$$T_1 = 1,8 \text{ ms} \qquad\qquad T_3 = 5,9 \text{ ms}$$
$$T_2 = 3,3 \text{ ms} \qquad\qquad T_4 = 1,0 \text{ ms}$$

Der gemessene Frequenzgang $\mathfrak{F}_{korr}$ ist in Bild A-03 eingetragen.

A 2.3 <u>Hydraulischer Antrieb</u>

Unter dem Begriff "hydraulischer Antrieb" soll hier das gesamte System, gebildet aus Servoverstärker, Servoventil, hydraulischem Motor mit Belastung durch das Spindel-Schlitten-System und Tachogenerator, verstanden werden. Die Teilstrecke zwischen den Steuerkanten des Servoventils und der Motorwelle (des unbelasteten Motors) war in Abschnitt A1 behandelt worden.

Wegen der komplizierten Struktur und den zahlreichen Nichtlinearitäten [30, 48, 49, 50, 54] erscheint es weder sinnvoll noch aussichtsreich zu sein, die Rechnung auf diese gesamte Anordnung auszudehnen, zumal auch die Parameterbestimmung sehr mühsam ist.

Deshalb wird der Frequenzgang durch Messung ermittelt, wobei die Meßbedingungen so gewählt werden, daß der für die Stabilität des Regelkreises ungünstigste Fall erfaßt wird. Als solcher ist der Fall kleinster Dämpfung anzusehen. In Abschnitt A1 war gezeigt worden, daß der hydraulische Motor, bedingt durch seine abfallende Reibcharakteristik und durch die nichtlinearen Durchflußverhältnisse, bei kleinen Drehzahlen am geringsten gedämpft ist.

Aus diesem Grund wurde der Frequenzgang des hydraulischen Antriebs bei kleiner Aussteuerung, jedoch mit so kleiner Amplitude aufgenommen, daß keine Richtungsumkehr auftrat. (Dazu wurde die Messung mit den Werten $v_0 \approx 0,025 \cdot v_{mm}$ und $\hat{v} \approx 0,5 \cdot v_0$ durchgeführt). Bei Richtungsumkehr würde durch den Vorzeichenwechsel der Reibungskräfte eine erhöhte Dämpfung auftreten, wohingegen die Absicht war, den Fall kleinster Dämpfung zu erfassen. Bei der Messung wurde das Korrekturnetzwerk mit eingeschlossen, so daß also der in <u>Bild A-03</u> gezeigte Frequenzgang für die Strecke mit Eingangsgröße U_1/U_{max} und Ausgangsgröße U_{TG}/U_{max} gilt. Er wurde zur weiteren Behandlung mit dem Frequenzgang eines Verzögerungsglieds 3. Ordnung angenähert:

$$\mathfrak{J}_S' = \frac{U_{TG}/U_{max}}{U_1/U_{max}} = \frac{k_S}{1 + pT_1} \cdot \frac{1}{1 + pT_2 + p^2T_3^2} \tag{141}$$

Verstärkung und Zeitkonstanten waren:

$$k_S = 3,8 \quad ; \quad T_1 = 4,7 \text{ ms} \quad ; \quad T_2 = 1,1 \text{ ms} \quad ; \quad T_3 = 2,75 \text{ ms}$$

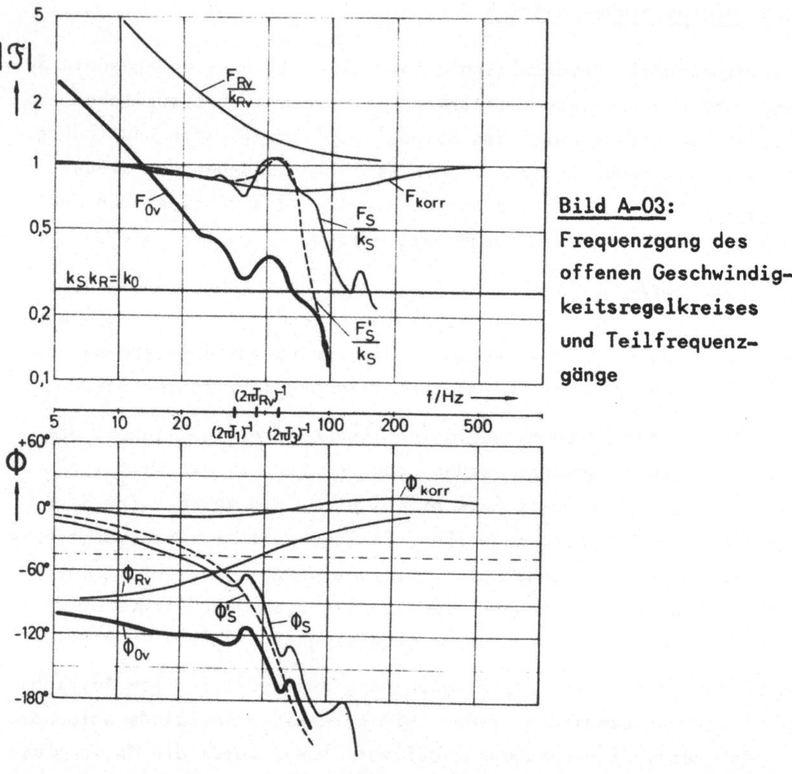

Bild A-03:
Frequenzgang des offenen Geschwindigkeitsregelkreises und Teilfrequenzgänge

Es zeigt sich als typisches Merkmal hydraulischer Antriebe, daß bereits in dem Frequenzbereich, in welchem der Amplitudengang nicht oder nur geringfügig abfällt, eine starke Phasennacheilung auftritt. Im vorliegenden Fall ist der Amplitudengang F_S/k_S bei 180°-Phasennacheilung auf etwa das 0,65-fache des Anfangswertes bei kleinen Frequenzen abgesunken, bei Einsatz eines Proportional-Reglers dürfte die Kreisverstärkung also höchstens $k_0 = -1,5$ betragen. (Gemessen wurde eine Kreisverstärkung von $k_0 = -1,35$, bei der Instabilität erreicht wurde, ohne Korrekturnetzwerk lag dieser Wert bei nur $-0,9$). Da bei solchen niedrigen Kreisverstärkungen bei reiner Proportionalregelung keine ausreichende Soll-Istwertübereinstimmung erreichbar ist, war eine Proportional-Integral-Beschaltung des Regelverstärkers gewählt worden.

A 3 Einstellung und Verhalten des Geschwindigkeitsregelkreises

Unter Zugrundelegung der obigen Annäherung $\mathfrak{J}_S'$ des Frequenzgangs
der erweiterten Regelstrecke erhält man das in __Bild A-04__ gezeigte
Blockschaltbild des Geschwindigkeitsregelkreises. Als Frequenzgang
des geschlossenen Regelkreises entsprechend dem Führungsfrequenzgang kann daraus abgeleitet werden:

$$\mathfrak{J}_A' = \frac{v_M/v_{max}}{v_{soll}/v_{max}} = \frac{-\mathfrak{J}_{Rv}\,\mathfrak{J}_S'}{1 - \mathfrak{J}_{Rv}\,\mathfrak{J}_S'} \tag{142}$$

Mit den Gl.en (139) und (141) ist:

$$\mathfrak{J}_A' = \frac{1 + pT_{Rv}}{1 + pT_{Rv}^*(1+k_0) + p^2 T_{Rv}^*(T_1+T_2) + p^3 T_{Rv}^*(T_3^2+T_1 T_2) + p^4 T_{Rv}^* T_1 T_3^2} \tag{143}$$

$$\text{wobei} \qquad T_{Rv}^* = \frac{T_{Rv}}{k_0} = \frac{C_k R_{eist}}{k_S} \tag{143a}$$

$$k_0 = k_S k_{Rv} = k_S \frac{R_k}{R_{eist}} \tag{143b}$$

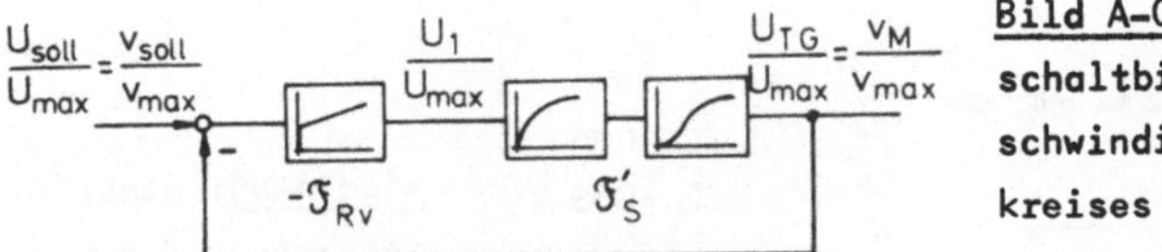

Bild A-04: Blockschaltbild des Geschwindigkeitsregelkreises

Um zunächst den möglichen Bereich der Reglereinstellung abzustecken,
wird eine Stabilitätsbetrachtung mit Hilfe des Hurwitz-Kriteriums
durchgeführt.

Die charakteristische Gleichung des Geschwindigkeitsregelkreises
erhält man durch Nullsetzen des Nennerpolynoms im Führungsfrequenzgang:

$$p^4 T_{Rv}^* T_1 T_3^2 + p^3 T_{Rv}^*(T_3^2+T_1 T_2) + p^2 T_{Rv}^*(T_1+T_2) + pT_{Rv}^*(1+k_0) + 1 = 0 \tag{144}$$

Durch Einführung der auf T_1 beziehenden Abkürzungen

$$q = pT_1 \quad ; \quad d_2 = \frac{T_2}{T_1} \quad ; \quad d_3 = \frac{T_3}{T_1} \quad \text{und} \quad d_{Rv}^* = \frac{T_{Rv}^*}{T_1} \tag{145a..d}$$

erhält man eine vereinfachte Form:

$$d_3^2 q^4 + (d_3^2 + d_2)q^3 + (1+d_2)q^2 + (1+k_0)q + \frac{1}{d_{Rv}^*} = 0 \qquad (146)$$

Mit Hilfe des Hurwitz-Kriteriums ergeben sich die Stabilitätsbedingungen:

a) Alle Koeffizienten vorhanden und gleiches Vorzeichen
b) Aus $Det_2 \gtreqless 0$:

$$k_{Rv} \leqq \frac{d_2}{k_S} \; \frac{1 + d_2 + d_3^2}{d_3^2} = k_{Rv0} \qquad (147)$$

c) Aus $Det_3 \gtreqless 0$:

$$d_{Rv}^* = \frac{d_{Rv}}{k_S k_{Rv}} \geqq \frac{(d_3^2 + d_2)^2}{(1+k_0)\left[d_3^2(d_2 - k_0) + d_2(1 + d_2)\right]} \qquad (148)$$

Asymptote: $\quad k_{Rv} = k_{Rv0}$

Das Stabilitätsdiagramm mit der Grenze $d_{Rvgr} = f\,(k_{Rv})$ ist in **Bild A-05** aufgetragen.

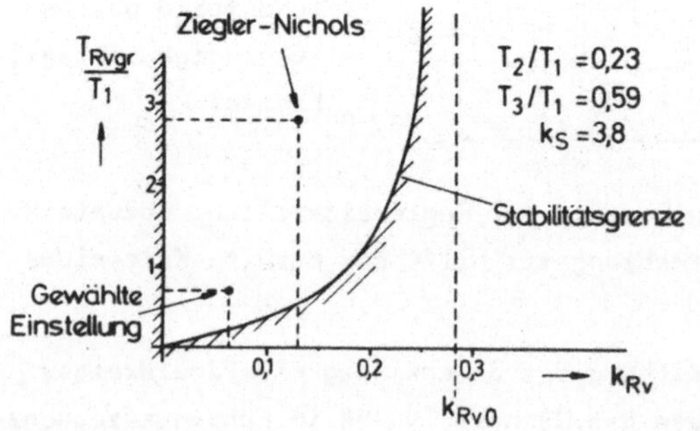

Bild A-05: Stabilitätsgrenze des Geschwindigkeitsregelkreises

An den Antrieb wird nun die Forderung gestellt - unabhängig vom später betrachteten Optimierkriterium für den Lageregelkreis-, daß sein Amplitudengang erst bei einer möglichst hohen Frequenz abfällt. Andererseits sollte die Phasennacheilung im Interesse der Stabilität des übergeordneten Lageregelkreises nicht allzu groß

werden. Es wäre z.B. sicherlich nicht zweckmäßig, die erste Forderung optimal zu erfüllen, wenn dabei eine starke Phasennacheilung
auftritt, da in diesem Fall die Verstärkung im Lageregelkreis entsprechend reduziert werden müsste. Diese Gesichtspunkte müssen bei
der Reglereinstellung berücksichtigt werden.

Um zunächst zu einer ersten brauchbaren Reglereinstellung zu kommen, wurde die Einstellregel von Ziegler-Nichols angewandt [38] .
Eigentlich gilt diese nur für Strecken mit Totzeit und Verzögerung
1. Ordnung, wie sie in der Verfahrenstechnik häufig vorkommen, sie
kann jedoch auch auf Strecken mit Verzögerung höherer Ordnung angewandt werden. (In der Regelungstechnik werden solche Strecken
auch oft als Hintereinanderschaltung eines Totzeitglieds und eines
Verzögerungsglieds 1. oder 2. Ordnung angenähert.) Für einen PI-Regler mit dem Frequenzgang

$$\mathfrak{J}_R = -\, k_R \left(1 + \frac{1}{pT_R} \right) \tag{149}$$

lauten die Einstellregeln:

$$k_R = 0,45 \; k_{R\,krit} \tag{150a}$$

$$T_R = 0,85 \; T_{krit} \tag{150b}$$

Dabei ist k_{Rkrit} diejenige Verstärkung des Reglers (bei P-Beschal-
tung), bei welcher der Regelkreis instabil wird und T_{krit} die sich
dann einstellende Zeitdauer einer Periode der Dauerschwingung.

Wenn das Streckenverhalten mathematisch beschrieben ist, so können
k_{Rkrit} und T_{krit} berechnet werden. Verwendet man im vorliegenden Fall die getroffene Annäherung des Streckenfrequenzgangs, so
erhält man nach Anwendung des Hurwitz-Kriteriums [37,38] :

$$k_{R\,krit} = k_{Rv0} = 0,284 \tag{151a}$$

$$\omega_{krit} = \frac{1}{T_3} \sqrt{1 + \frac{T_2}{T_1}} = 404 \; s^{-1} \tag{151b}$$

$$T_{krit} = \frac{2\pi}{\omega_{krit}} = 15,6 \; ms \tag{151c}$$

Man erhält daraus die Einstellwerte:

$$k_{Rv} = 0,13 \quad \text{und} \quad T_{Rv} = 13,3 \text{ ms} \tag{152a}$$

$$\text{bzw.} \quad k_0 = 0,49 \quad \text{und} \quad T_{Rv}^* = 26,6 \text{ ms} \tag{152b}$$

Dieser Einstellpunkt ist mit in das Stabilitätsdiagramm __Bild A-05__ eingezeichnet. (An der Anlage wurden die Werte $k_{Rkrit} = 0,36$ und $T_{krit} = 17$ ms gemessen, bezüglich der kritischen Verstärkung befindet man sich demnach mit der Annäherung $\mathfrak{J}_S'$ auf der sicheren Seite).

__Bild A-06__ zeigt die am Analogrechner simulierte Übergangsfunktion der Strecke im Vergleich zu derjenigen des Geschwindigkeitsregelkreises bei Reglereinstellung nach Ziegler-Nichols. Es zeigt sich ein zwar brauchbarer doch unnötig langsamer Verlauf der Regelgröße, bei dem auch die Schwingung der Regelstrecke zu wenig gedämpft ist.

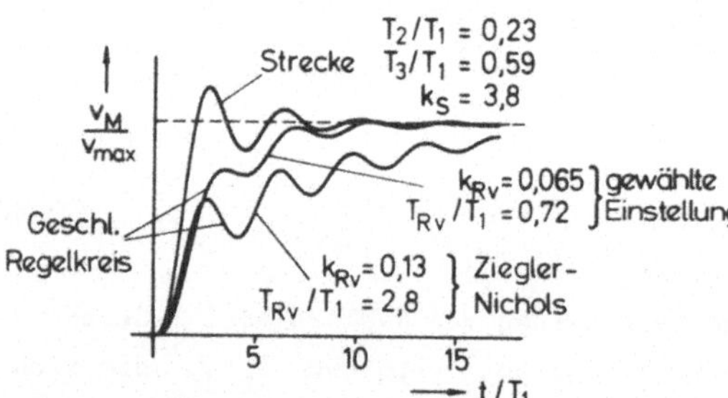

__Bild A-06__: Am Analogrechner ermittelte Übergangsfunktionen des Geschwindigkeitsregelkreises und seiner Regelstrecke

Um sich weiter ein Bild über die möglichen erreichbaren Frequenzgänge des Antriebs zu verschaffen, wurden diese, ausgehend von der Reglereinstellung nach Ziegler-Nichols, für verschiedene Reglereinstellungen nach der bereits erwähnten Methode gemessen. Davon sind in __Bild A-07__ diejenigen für die Parameter $T_{Rv}^* = 12,5$ ms ; 25 ms und $k_0 = 0$; 0,05; 0,1; 0,2 und 0,4 wiedergegeben. Es zeigt sich, daß bei Betonung des P-Anteils zwar eine verhältnismäßig geringe Phasennacheilung auftritt, dagegen schon sehr früh ein Amplitudenabfall wirksam wird. Bei Betonung des I-Anteils (Extremfall: I-Regler) tritt dagegen der Amplitudenabfall erst bei höheren Frequenzen auf, dagegen ist die Phasennacheilung stärker. Insgesamt gesehen, nähert sich im ersten Fall das System dem Verhalten eines Verzögerungsglieds

1. Ordnung an, im zweiten Fall einem Verzögerungsglied 2. Ordnung.
Dies ist leicht einzusehen, wenn man in Gl. (143), die den Antriebsfrequenzgang beschreibt, nur die größte der Streckenzeitkonstanten
berücksichtigt und einmal $T_{Rv} \to \infty$ gehen läßt (P-Regelung) und
dann $k_{Rv} = 0$ und $T_{Rv} = 0$ setzt (I-Regelung). Man erhält:

$$\mathfrak{J}_A\Big|_P = \frac{k_0}{1 + k_0}\, \frac{1}{1 + pT_1^*} \qquad \text{wobei} \qquad T_1^* = \frac{T_1}{1 + k_0} \qquad (153a)$$

$$\mathfrak{J}_A\Big|_I = \frac{1}{1 + pT_{Rv}^* + p^2 T_{Rv}^* T_1} \qquad \text{wobei} \qquad T_{Rv}^* = \frac{c_k R_{eist}}{k_S} \qquad (153b)$$

Die Frage, welche Reglereinstellung nun vorteilhaft anzustreben ist,
läßt sich zunächst, da beide Vor- und Nachteile mit sich bringen,
nicht ohne weiteres beantworten. Um dennoch eine Entscheidung tref-
fen zu können, wird auf die in Abschnitt 3.6 behandelte Optimierung
des Lageregelkreises zurückgegriffen.

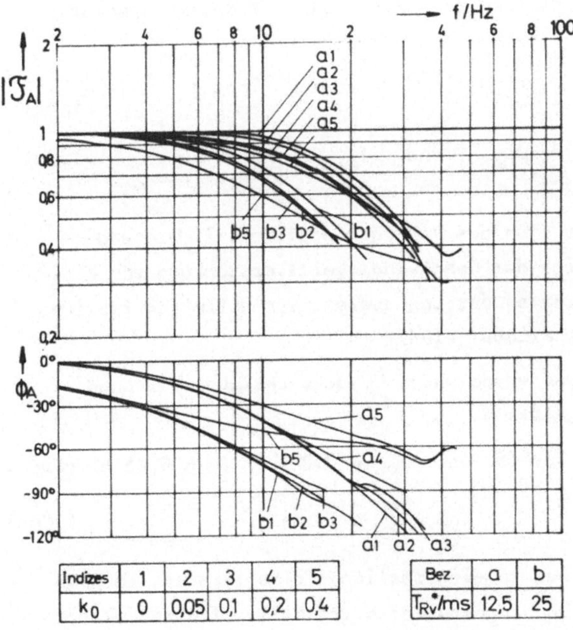

Indizes	1	2	3	4	5
k_0	0	0,05	0,1	0,2	0,4

Bez.	a	b
T_{Rv}^*/ms	12,5	25

Bild A-07:
Führungsfrequenz-
gänge des Geschwin-
digkeitsregelkrei-
ses bei verschie-
denen Reglerein-
stellungen

Wenn man in <u>Bild A-07</u> die den Extremen "P-Regelung" und "I-Regelung"
am nächsten kommenden Frequenzgänge für gleiches T_{Rv}^{*} miteinander vergleicht, so fällt auf, daß die Eckfrequenz im ersten Fall
recht gut mit der Kennkreisfrequenz im anderen Fall übereinstimmt.
Es werden nun beide Fälle daraufhin verglichen, welche Werte für
Geschwindigkeitsverstärkung und Reglerzeitkonstante der Lageregelung sie bei Anwendung des als geeignet gefundenen ITAE-Kriteriums
liefern. Die beiden zu vergleichenden Frequenzgänge des Antriebs
lauten also:

$$\mathfrak{J}_A = \frac{1}{1 + pT_A} \tag{154a}$$

$$\mathfrak{J}_A = \frac{1}{1 + \dfrac{2 D_A}{\omega_{OA}} p + \dfrac{1}{\omega_{OA}^2} p^2} \qquad \text{wobei } \omega_{OA} = \frac{1}{T_A} \tag{154b}$$

Der Dämpfungsgrad soll gemäß der genannten Optimiervorschrift
$D_A = 0,54$ betragen. Nach Anwendung der in Tabelle 3-20 enthaltenen Vorschriften erhält man folgende Einstellwerte des Lagereglers:

$$k_{vopt} = \frac{g_{1opt}}{T_A} = \frac{1,06}{T_A} \qquad \text{und} \qquad T_{Ropt} = d_{1opt} T_A = 5,7\, T_A \tag{155a}$$

$$k_{vopt} = g_{2opt}\, \omega_{OA} = 0,47\, \omega_{OA} \qquad \text{und} \qquad T_{Ropt} = \frac{d_{2opt}}{\omega_{OA}} = \frac{11,5}{\omega_{OA}} \tag{155b}$$

Der Vergleich fällt zugunsten des Verzögerungsglieds 1. Ordnung
aus, da hier größere Werte der Geschwindigkeitsverstärkung und klei-
nere Werte der Zeitkonstanten des Lagereglers vom Optimierkriterium
des Lageregelkreises her erlaubt sind.

Als endgültige Einstellung wurde unter Berücksichtigung der angeführten Gesichtspunkte gewählt:

$$k_{Rv} = 0,23 \cdot k_{Rkrit} = 0,065 \quad \text{und} \quad T_{Rv} = 0,22 \cdot T_{krit} = 3,45 \text{ ms} \tag{156a}$$

$$\text{bzw.} \quad k_0 = 0,245 \qquad\qquad \text{und} \quad T_{Rv}^{*} = 14 \text{ ms} \tag{156b}$$

Der Frequenzgang $\mathfrak{J}_{Rv}$ des so eingestellten PI-Reglers ist im Bode-
Nyquist-Diagramm <u>Bild A-03</u> eingetragen; durch Multiplikation mit dem

Streckenfrequenzgang $\mathfrak{J}_S$ erhält man den Frequenzgang des offenen Geschwindigkeitsregelkreises $\mathfrak{J}_{Ov}$. Weiterhin ist die gewählte Einstellung im Stabilitätsdiagramm <u>Bild A-05</u> eingetragen, während <u>Bild A-06</u> die sich am Analogrechner ergebende Übergangsfunktion zeigt.

Der gemessene Frequenzgang des geschlossenen Geschwindigkeitsregelkreises ist in <u>Bild 3-17</u> als Teilfrequenzgang des offenen Lageregelkreises gezeichnet. Er wird angenähert mit

$$\mathfrak{J}_A' = \frac{1}{1 + pT_A} \tag{157}$$

wobei $T_A = 13,5$ ms bzw. Eckfrequenz $f_{OA} = 12$ Hz ist.

A 4 <u>Zusammenfassung zum Anhang</u>

Es hat sich gezeigt, daß man keine strengen Vorschriften über die Einstellung des Geschwindigkeitsregelkreises machen kann, zumal die Parameter der Regelstrecke, so wie in vorliegendem Fall eines hydraulischen Antriebs, stark vom Arbeitspunkt abhängig sind. Der günstigste Weg ist hier, die Einstellung an der Anlage selbst oder, wenn die Eigenschaften der Regelstrecke genügend bekannt sind, am Analogrechner durchzuführen, wobei die Einstellregel von Ziegler-Nichols zur Gewinnung einer ersten brauchbaren Einstellung dienen kann. Wegen der oben erwähnten, durch Nichtlinearitäten verursachten Parameteränderungen hat es sich als richtig erwiesen, die Einstellung bei kleinen Drehzahlen des Motors vorzunehmen, da hierbei die geringste Dämpfung der Regelstrecke zu erwarten ist.

Als Richtlinie kann genannt werden, daß man zunächst versuchen sollte, die (proportionale) Kreisverstärkung möglichst groß einzustellen. Um dies zu erreichen, muß jedoch die Regelstrecke gut gedämpft sein. Es ist deshalb bei hydraulischen Antrieben darauf zu achten, daß Motoren mit günstiger Charakteristik des Kennlinienfelds verwendet werden [49,50] . Eine Verbesserung des Zeitverhaltens im genannten Sinne ist durch den Einbau elektrischer Korrekturnetzwerke (vgl. A 2.2) oder aber wirksamer durch Beschleunigungs- oder Druckrückführungen zu erreichen, wobei letztere jedoch einen entsprechend hohen gerätetechnischen Aufwand erfordern [30] . Die Verwendung einer zum Motor

parallel geschalteten Dämpfungsdrossel hat sich als ungünstig erwiesen, da dadurch die Unempfindlichkeit erhöht wird.

Bezüglich der Reglereinstellung hat es sich gezeigt, daß es nicht
sinnvoll ist zu versuchen, den Amplitudengang des geschlossenen
Geschwindigkeitsregelkreises über einen möglichst großen Frequenz.
bereich konstant zu halten bzw. in der Übergangsfunktion einen möglichst steilen Geschwindigkeitsanstieg zu erzielen. Es hat sich im
Gegenteil als vorteilhafter herausgestellt, eine solche Einstellung
anzustreben, bei welcher das Zeitverhalten des geschlossenen Geschwindigkeitsregelkreises demjenigen eines Verzögerungsglieds 1.
Ordnung nahekommt. Im Endeffekt konnte mit einer relativ langsamen
Einstellung, bedingt durch den günstigeren Verlauf des Phasengangs,
eine höhere Kreisverstärkung im Lageregelkreis erzielt werden. Diese Aussage ist natürlich nicht so zu verstehen, daß bei einem
langsamen Antrieb eine höhere Geschwindigkeitsverstärkung möglich
ist, genau das Gegenteil ist richtig, wie die Einstellregeln des
Bildes 3-20 zeigten. Es sollte damit vielmehr zum Ausdruck gebracht
werden, daß es im Falle des unterlagerten Geschwindigkeitsregelkreises nicht sinnvoll ist, einen vorhandenen Antrieb über die Reglereinstellung sehr schnell machen zu wollen, da dann Erscheinungen
auftreten, die sich auf das Verhalten des überlagerten Lageregelkreises ungünstig auswirken.

Berichte aus dem Institut für Steuerungstechnik der Werkzeugmaschinen und Fertigungseinrichtungen der Universität Stuttgart

---

Herausgegeben von Prof. Dr.-Ing. G. Stute

ISW 1   **Numerische Bahnsteuerung**

Beitrag zur Informationsverarbeitung und Lageregelung.

Von Dr.-Ing. **Dietmar Schmid**,
1972, 89 S. mit 44 Bildern

ISBN 3-540-05834-6, ISBN 0-387-05834-6

Kart.   DM 24.—

ISW 2   **Fräsbearbeitung gekrümmter Flächen**

Flächenbeschreibung, Programmierung und Fertigung

Von Dr.-Ing. **Horst Schwegler**,
1972, 111 S. mit 36 Bildern

ISBN 3-540-05835-4, ISBN 0-387-05835-4

Kart.   DM 24.—

ISW 3   **Numerisch gesteuerte Mehrachsenfräsmaschinen**

Fräsbahnabweichungen aufgrund der Kinematik und Interpolation.

Von Dr.-Ing. **Jörg Eisinger**,
1972, 90 S. mit 45 Bildern

ISBN 3-540-05836-2, ISBN 0-387-05836-2

Kart.   DM 24.—

ISW 4	**Rechnersteuerung von Fertigungseinrichtungen**

Beitrag zur Automatisierung der Fertigung
durch den Einsatz von Digitalrechnern.

Von Dr.-Ing. **Rainer Nann,**
1972, 125 S. mit 45 Bildern

ISBN 3-540-05911-3, ISBN 0-387-05911-3

Kart.   DM 36.—

ISW 5   **Zweiachsige Nachformeinrichtungen**

Untersuchung der Lageregelung bei
einem stetigen System.

Von Dr.-Ing. **Gerhard Augsten,**
1972, 140 S. mit 71 Bildern

ISBN 3-540-05912-1, ISBN 0-387-05912-1

Kart.   DM 36.—

ISW 6   **Die Automatisierung der Fertigungsvorbereitung
durch NC-Programmierung**

Von Dr.-Ing. **Bernhard Karl,**
1972, 121 S. mit 44 Bildern

ISBN 3-540-05913-X, ISBN 0-387-05913-X

Kart.   DM 32.—

In Vorbereitung: **NC-Programmiersystem**

Beitrag zur numerischen Verarbeitung
eines geometrischen Werkstückbeschrei-
bungssystems

Von Dipl.-Ing. **Helmut Eitel,**
1972, 120 S. mit 49 Bildern

Springer-Verlag
Berlin · Heidelberg · New York